U0141201

深智數位
股份有限公司

深智數位
股份有限公司

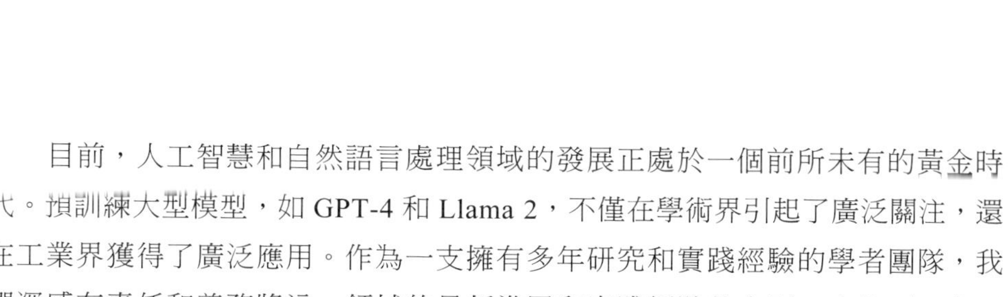


# 序言

目前，人工智慧和自然語言處理領域的發展正處於一個前所未有的黃金時代。預訓練大型模型，如 GPT-4 和 Llama 2，不僅在學術界引起了廣泛關注，還在工業界獲得了廣泛應用。作為一支擁有多年研究和實踐經驗的學者團隊，我們深感有責任和義務將這一領域的最新進展和實踐經驗整合到一本全面、實用的指南中，而 Llama 2 又是如今備受歡迎、影響廣泛的開放原始碼預訓練大型模型，這就是本書誕生的初衷。

本書內容圍繞 Llama 2 大型模型展開，涵蓋了從基礎理論到實際應用的全方位內容。我們力求使每章都具有很高的實用性，同時不忽視理論的深度。本書中包含大量的程式範例、案例分析和最佳實踐，可以幫助讀者更進一步地理解和應用 Llama 2 大型模型。

本書的顯著特點是跨學科性。本書不僅討論了電腦科學和機器學習的基礎概念，還引入了語言學、資訊檢索和人機互動等多個學科的知識。這樣做的目的是讓讀者能夠全面地理解大型模型，以及它們在不同應用場景中的潛力和局限性。

在適用範圍方面，本書既適合剛入門的學生和研究人員閱讀，也適合有多年研究經驗的專家和工程師閱讀。本書儘量以淺顯易懂的語言解釋複雜的概念和演算法，同時展示了技術細節並提供了拓展閱讀，以滿足不同讀者的需求。

在寫作分工方面，我們的團隊成員各自負責不同的章節，以確保每一部分都能得到專家級的處理。舉例來說，擁有多年自然語言處理研究經驗的成員主要負責第 1 章和第 7 章，這兩章涉及大量的基礎理論和多語言大型模型技術；在工業界有豐富實踐經驗的成員主要負責其他章節，這些章節更偏重於實際應用和行業大型模型訂製。

整體而言，我們希望本書能成為讀者探索 Llama 2 大型模型世界的可靠指南和實用參考書。無論你是希望深入了解這一領域的最新研究，還是希望將預訓練大型模型應用於實際問題，本書都將為你提供詳細的知識和靈感。

在這個快速發展和不斷變革的時代，讓我們一起探索人工智慧和自然語言處理的無限可能，開啟一個全新的學術和應用之旅！

# 目錄

## 第 1 章 大型模型的基礎理論

## 第 2 章 部署 Llama 2 大型模型



## 第 3 章 微調 Llama 2 大型模型

## 第 4 章 解決 Llama 2 大型模型多輪對話難題

## 第 5 章 基於 Llama 2 訂製行業大型模型



## 第 6 章 Llama 2 + LangChain 文件問答模型建構

## 第 7 章 多語言大型模型技術介紹及其工業應用

# 1 大型模型的基礎理論

自從 OpenAI 推出 GPT-3 以來，AI 領域的發展進入一個嶄新的階段，即大型模型時代。大規模語言模型又稱大語言模型（Large Language Model，LLM），簡稱大型模型，具備強大的理解和推理能力，使其能夠出色地完成各種不同的任務。透過對話這種經典的人機對話模式提供給使用者服務，就是大型模型的一項重要應用。大型模型已經成為 AI 領域最熱門的話題之一，並被視為實現通用人工智慧（Artificial General Intelligence，AGI）的可能途徑。

本章主要介紹大型模型的發展歷史、核心框架、資料收集和資料處理、預訓練及微調、評測。

# 1.1 大型模型的發展歷史

大型模型是自然語言處理（Natural Language Processing，NLP）領域的重要概念，代表了一種基於大規模語料庫訓練的語言模型。雖然大型模型可以完成多種多樣的任務，但其本質上仍然是一種語言模型，即對一個句子（由多個單字組成的序列）出現機率的建模。

## 1.1.1 從語言模型到預訓練大型模型

### 1．語言模型

語言模型是 NLP 領域的核心概念，是對語言的規律和分佈的統計建模，用於推斷給定序列中一個詞的分佈機率。語言模型的形式化定義如下，對於由 $l$ 個詞（詞元，即語言的最小處理單位，也可以是字或短語）組成的句子 $s$ ，$w_i$ 表示第 $i$ 個詞，其機率公式可以表示為

$$p(s)=p(w_1)p(w_2|w_1)p(w_3|w_1w_2)\cdots p(w_l|w_1w_2\cdots w_{l-1})=\prod_{i=0}^{l}p(w_i|w_{1:i-1}) \quad (1.1)$$

雖然由於語言的複雜性，無法列舉出所有可能出現的句子，但語言模型在統計層面對語言的規律進行了建模，從而能夠進行語言的分佈統計和推斷。語言模型的實現方法有很多，其中最經典的是 $N$ 元（$N$-gram）模型。

### 2．統計語言模型

對於預測一個詞 $w_i$ 的分佈機率的情況，隨著歷史長度的增加，可能的歷史數目是按指數級增長的，這樣無法高效率地進行統計學習。$N$-gram 模型假設當前詞的分佈機率只與前 $N$-1 個詞有關。以 2-gram 模型為例，當前詞的分佈機率只與前 1 個詞有關，其機率公式可以表示為

$$p(w_i \mid w_{i-1})=\frac{c(w_{i-1}w_i)}{c(w_{i-1})} \quad (1.2)$$

式中，$c(w_{i-1}w_i)$ 表示 2-gram 詞在替定文字中共現的次數。共現次數的比例近似表現了單字出現的機率。統計語言模型是基於構造統計語言模型的訓練資料得到的，透過式（1.2），就能夠利用訓練資料進行統計語言模型的學習。

### 3．神經網路語言模型

*N*-gram 模型存在一個問題，即對於沒有在語料庫中出現的 *N*-gram 詞，無法對其進行機率估計。儘管平滑技術能夠改善這個問題，使 *N*-gram 模型正常執行，但是 *N*-gram 模型在大規模語料庫上訓練建模的能力仍然有限。因此，研究人員提出使用神經網路在一個連續空間中建構語言模型。前饋神經網路語言模型學習詞的分散式表示，使一個詞能夠使用一個向量表示，獲得了優於 *N*-gram 模型的性能。之後被提出的循環神經網路（Recurrent Neural Network，RNN）語言模型能夠對變長的輸入建模，捕捉更長的上下文資訊。神經網路語言模型已經是目前語言模型的標準實現方法。

### 4．預訓練大型模型

預訓練大型模型在大量無標注的開放資料上進行預訓練，學到了更好的語言表示，並對下游任務的性能提升有顯著的效果。Word2Vec[1]①是最早的預訓練大型模型，之後研究人員提出了基於循環神經網路的預訓練大型模型 ELMO[2]。隨著 Transformer[3] 結構的提出，後續的預訓練大型模型基本都採用了以 Transformer 為基本結構的模型架構。

## 1.1.2 預訓練大型模型的發展

隨著深度學習的發展，語言模型已經成為一個非常重要的研究領域。目前的語言模型都使用深度神經網路對語言的生成機率進行建模。基於資料驅動的深度學習，語言模型在廣泛的文字資料上進行預訓練，並極大地促進了下游任務的性能提升。預訓練大型模型可以分為兩種：一種是基於編碼器結構的 BERT[4]，另一種是基於解碼器結構的 GPT[5]。

① 本書中標注的 [1]、[2]……對應的參考文獻，請下載本書書附電子文件查看。

### 1．BERT

BERT 基於 Transformer 編碼器結構，是一種強調學習表示的模型。BERT 的訓練目標是完成類似於完形填空的任務，模型預測的機率是句子中被掩蔽的詞的分佈機率。BERT 是基於雙向注意力機制對輸入的句子進行編碼的，因此不是一種自回歸生成式語言模型。BERT 由於具有強大的表示能力，所以掀起了 NLP 發展的一次浪潮。

### 2．GPT

GPT 的建模形式與 1.1.1 節介紹的語言模型更一致。GPT 使用一個標準的語言模型建模目標，即最佳化最大似然機率。在結構上，GPT 只使用 Transformer 解碼器。GPT 使用樸素的語言模型的訓練目標進行學習，無須特別設計預訓練任務，需要在非常廣泛的文字語料上進行預訓練。

此外，預訓練大型模型也可以基於編碼器 - 解碼器結構，如 Google 提出的 T5。T5 同樣是生成式語言模型，其將所有任務統一為生成任務進行學習，獲得了不錯的效果。

在預訓練大型模型的研究初期，BERT 在學術界和工業界引起了一定的關注，其表現略勝於 GPT。然而，隨著 ChatGPT 的出現，情況發生了顯著變化。基於解碼器結構的自回歸生成式語言模型 GPT 逐漸嶄露頭角，成為大型模型時代的主流模型。這一現象產生的背後有許多原因，其中一個關鍵原因是 GPT 的預訓練任務與結構更加易於擴充和最佳化。

## 1.1.3 大型模型的進化

### 1．更多的參數、更強大的能力：GPT-1、GPT-2、GPT-3

GPT 在 2018 年由 OpenAI 提出，其與 BERT 在同一時間被提出，但在早期並沒有得到比 BERT 更多的關注。之後 OpenAI 不斷升級 GPT，使 GPT 不斷進化，擁有越來越多的參數及越來越強大的能力。GPT-1 的參數量為 1.17 億個，GPT-2 的參數量是 GPT-1 的 10 倍以上，達到 15 億個，訓練資料也從 GB 量級提升到 TB 量級。而 GPT-3 的參數量已達到 1750 億個，同時具有更強大的能力。GPT-1 為廣泛的下游 NLP 任務提供了一個強大的語言基座，GPT-2 已經能夠在無監督的條件下完成多種任務。到大型模型時代，GPT-3[6] 依賴巨量的參數獲得了驚人的表現，其性能在零樣本或小樣本條件下超越了 GPT-2 微調後的最好性能。

### 2．推理能力的釋放：CoT

語言模型的規模不斷擴大，除了在一系列 NLP 任務中獲得了更好的性能，還在推理任務中有了獨特的表現。已有研究 [7] 發現，在大型模型上，透過思維鏈（Chain of Thought，CoT）[8] 技術，即一種特殊的 Prompt（提示）設計，在零樣本條件下，只需要一句簡單的 "Let's think step by step"，就能在推理任務中取得顯著的模型性能提升。值得注意的是，CoT 能力只有在語言模型規模達到一定程度後（通常參數量在 100 億個以上）才會出現。

### 3．遵循人類指令：InstructGPT

隨著 GPT 的語言能力不斷進化，語言模型的發展來到 ChatGPT 時代。雖然 GPT-3 具有強大的語言能力基礎，但其本質上仍然是一個對語料進行統計建模，學習下一個詞預測（Next Token Prediction，NTP）的語言模型。語言模型規模變得更大並不表示模型本身能更進一步地遵循使用者的意圖。舉例來說，大型模型可能會生成不真實、有害或對使用者無益的輸出。真實世界導向的廣泛任務，一個更好的語言模型應當能夠遵循人類指令去完成任務。因此，OpenAI 關注 AI 對齊（AI Alignment）問題，進一步訓練 GPT 遵循人類指令的能力。在 ChatGPT 正式推出之前，OpenAI 就發佈了 InstructGPT[9]。InstructGPT 的實現與 ChatGPT 在技術上是基本一致的。

### 4．大型模型發展歷程

圖 1-1 以時間順序展示了目前參數量在 10 億個以上的部分大型模型，其中標注為黃色的是公開模型參數的大型模型。目前 Llama 2 是備受關注且被廣泛使用的一種開放原始碼大型模型。

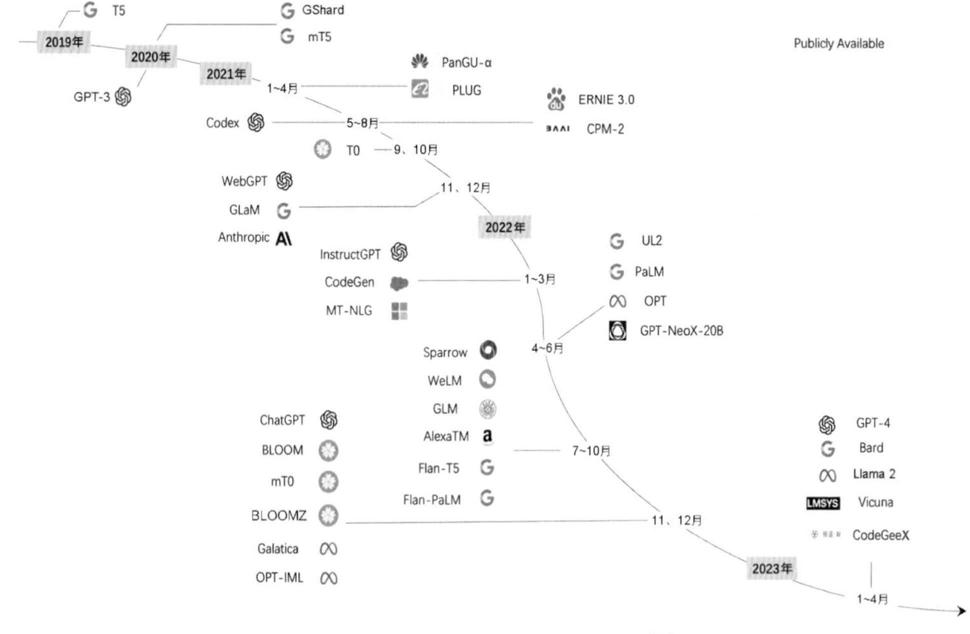


▲ 圖 1-1 大型模型發展歷程 [10]

## 1.2 大型模型的核心框架

隨著 Transformer[1] 在各類 NLP 任務中的應用取得突破性進展，現在主流的大型模型研究都傾向於採用這一結構。本節將介紹大型模型的核心框架 Transformer 及其主要模組。

### 1.2.1 Transformer

Transformer 是一種用於 NLP 任務和其他序列到序列任務的深度學習模型。由 Google 的研究人員在 2017 年提出，被認為是迄今為止最具影響力的模型之一。Transformer 的設計革命性地改變了序列建模領域，取代了傳統的循環神經網路結構，能夠取得更好的性能和更強大的並行化能力。

基於 Transformer 的編碼器和解碼器結構如圖 1-2 所示。在 Transformer 中，輸入序列首先透過一個編碼器進行編碼。編碼器由多個相同的層堆疊而成，每一層都包含一個多頭自注意力機制和一個前饋神經網路。多頭自注意力機制透過對輸入序列的不同位置進行注意力權重計算，得到序列中每個位置的表示。前饋神經網路對每個位置的表示進行非線性變換，進一步豐富了編碼後的表示。Transformer 中的自注意力機制被擴充為多頭自注意力機制，這使得模型可以同時關注不同的語義表示。在多頭自注意力機制中，首先將輸入序列透過線性變換映射到多個子空間中，其次在每個子空間中進行獨立的注意力權重計算，最後透過將所有子空間中的結果合併得到最終的注意力表示。

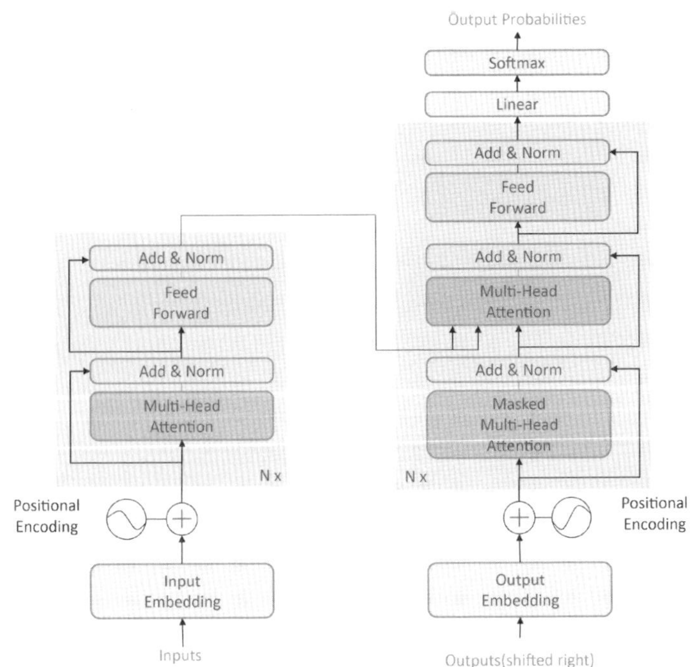


▲ 圖 1-2 基於 Transformer 的編碼器和解碼器結構

在編碼器之後，Transformer 使用解碼器來生成目標序列。解碼器的結構與編碼器類似，但在多頭自注意力機制之外，還引入了另一個自注意力機制，用於對已生成的目標序列進行注意力權重計算。這樣做的目的是讓解碼器能夠在生成每個位置的輸出時，同時關注輸入序列和已生成的目標序列，從而更進一步地捕捉輸入和輸出之間的對應關係。為了加速模型的訓練，解碼器中還引入了一種掩蔽自注意力（Masked Self-Attention）的技術，該技術在每個位置的注意力權重計算中遮罩了該位置之後的資訊，以確保模型只能依賴已生成的內容進行預測。

為了幫助模型更進一步地進行訓練，Transformer 還引入了殘差連接和層歸一化機制。殘差連接允許模型在堆疊多個層時保留之前層的資訊，並透過跳躍連接將其增加到當前層的輸出中。層歸一化機制則對每個子層的輸出進行歸一化操作，以加速模型的訓練和收斂。

Transformer 沒有像循環神經網路一樣的隱含狀態，需要透過某種方式將序列中的位置資訊引入模型。為此，Transformer 使用了位置編碼，將位置資訊嵌入輸入序列。位置編碼向輸入的每個位置增加一個固定的向量，這樣模型就能夠感知不同位置之間的相對距離和順序關係。

Transformer 目前已經被應用在多個領域中，除在 NLP 領域的翻譯 [2]、摘要 [3] 和對話 [4] 等任務中表現出色以外，還被廣泛應用於影像生成 [5]、語音辨識 [6] 和推薦系統 [7] 等其他領域。Transformer 在不同領域的突破證明了自注意力機制的強大和可擴充性，為進一步改進序列建模和深度學習提供了重要的想法。同時，也激發了許多變形模型的開發，如 BERT[8]、GPT[9] 等，這些變形模型在結構、訓練方法、目標函數等方面進行了改進和最佳化，以適應不同的應用場景。

## 1.2.2 位置編碼

在傳統的 Transformer 中，位置編碼是用固定的正弦函數和餘弦函數的組合來表示不同位置的順序關係的。這種方式雖然可以為模型提供位置資訊，但存在一些限制。首先，傳統位置編碼無法適應不同長度的輸入序列，因為其編碼模式是固定的，無法動態調整。其次，傳統位置編碼無法處理具有週期性模式的序列。為了解決這些問題，旋轉式位置編碼 [10]（Rotary Position Embedding，RoPE）提供了一種動態的位置編碼方式，透過旋轉操作，位置編碼可以隨著模型的訓練動態調整。具體來說，RoPE 透過旋轉正弦函數和餘弦函數的相位來調整位置編碼的模式。RoPE 引入了一個可學習的參數，即旋轉角度（Rotation

Angle），該角度控制位置編碼函數的旋轉程度。透過調整旋轉角度，RoPE 可以在不同的訓練階段改變位置編碼的模式，使其更具動態性和適應性。RoPE 的旋轉操作使位置編碼能夠在較大範圍內形成週期性模式，更進一步地捕捉序列中的位置資訊，這有助提高模型在處理長序列時的性能和泛化能力。RoPE 提供了一種靈活且自我調整的方式來編碼位置資訊，對於提升模型在 NLP、語音辨識和其他序列建模任務中的表現非常有幫助。

## 1.2.3 多頭自注意力機制

Transformer 的成功源於多頭自注意力機制，多頭自注意力機制允許模型在處理序列時透過計算注意力權重的方式為輸入序列的不同位置賦予不同的重要性。注意力權重的計算公式為

$$\text{Attention}(\boldsymbol{Q},\boldsymbol{K},\boldsymbol{V})=\text{softmax}\left(\frac{\boldsymbol{Q}\boldsymbol{K}^{\mathrm{T}}}{\sqrt{d_k}}\right)\boldsymbol{V} \tag{1.3}$$

式中，$\boldsymbol{Q}$、$\boldsymbol{K}$、$\boldsymbol{V}$ 分別表示由輸入序列不同位置的查詢（Query）、鍵（Key）、值（Value）向量拼接組成的矩陣；$\sqrt{d_k}$ 為放縮因數。計算得到的注意力權重表示輸入序列的每個位置對其他位置的關注程度，用於在生成輸出時引導模型做出決策。此外，Transformer 能夠同時考慮輸入序列的所有位置資訊，而無須像循環神經網路那樣依次處理每個位置。這種並行化的特性使 Transformer 能夠更進一步地捕捉長距離的依賴關係，從而提高了模型的表示能力。

多頭自注意力機制是 Transformer 的一項關鍵技術，用於提高模型對輸入序列的表示能力。模型透過並行地應用多頭自注意力機制來捕捉輸入序列不同位置之間的多種關係。在傳統的自注意力機制中，輸入序列每個位置的查詢、鍵和值都是透過線性變換得到的。而多頭自注意力機制則引入了多組線性變換，每組線性變換被稱為一個頭，每個頭都可以學習不同的查詢、鍵和值的表示，從而捕捉輸入序列中的不同位置資訊。多頭自注意力機制計算過程的描述如下。

- 將輸入序列分別透過多組線性變換得到多組查詢、鍵和值的表示。
- 對每個頭，將對應的查詢、鍵和值輸入到單獨的自注意力機制中，計算出注意力權重。
- 將每個頭對應的注意力權重乘以對應的值，得到加權值向量。
- 將所有頭對應的加權值向量拼接在一起，透過另一個線性變換得到最終的注意力表示。

這種多頭平行計算的方式允許模型同時關注輸入序列中的不同相關性，從而更進一步地捕捉長距離的依賴關係。相較於普通的單頭自注意力機制，在多頭自注意力機制中，每個頭都可以專注於不同的特徵子空間，可以提高模型的表示能力。

## 1.3 資料收集和資料處理

大型模型的訓練需要大量的無監督訓練資料，通常需要混合不同來源的資料進行預訓練。本節介紹大型模型訓練資料的收集和處理。

### 1.3.1 資料收集

文獻 [11] 將訓練語料分為通用資料和專業資料。通用資料，如網頁資料、對話資料、圖書資料等，由於具有種類多樣、可存取的屬性，因此被大多數大型模型使用，能夠用於訓練大型模型的基礎建模能力。另外，為了提高大型模型的泛化能力，也有研究將訓練語料擴充到專業資料，如多語言資料、科學資料、程式資料、垂直領域資料等，以賦予大型模型特定領域的任務解決能力。

#### 1．通用資料

現有的絕大多數大型模型都使用了通用資料，包括網頁資料、對話資料、圖書資料等，這些資料可以提供大量的文字資源，同時覆蓋了各個領域。利用通用資料訓練的大型模型，在通用領域中有不錯的表現。

#### 1）網頁資料

隨著資訊技術的發展，在如今這個資料呈爆炸式增長的時代，大型模型可以獲取多種多樣的網路資料來增強其泛化能力，比較典型的是網頁資料。在已有的研究工作中，研究人員已經從網頁中爬取了大量文字資料，如 Common Crawl[1]，這種資料的特點是資料量大、分佈散亂且格式繁雜。爬取到的文字資料中往往包含高品質的文字（如維基百科中的文字）和低品質的文字（如垃圾郵件中的文字），因此對網頁資料進行過濾和處理以提高資料品質非常重要。

#### 2）對話資料

對話資料作為語言互動的原始載體，對於提升大型模型的對話能力具有不可替代的作用。研究人員主要從公共對話語料庫和線上社交媒體中收集對話資料。其中，公共對話語料庫中的資料雖然較為豐富，但部分資料可能存在過時或不適應最新應用場景的問題。線上社交媒體，如 PushShift.io[2] 語料庫等，則為研究人員提供了一個獲取即時更新的對話資料的平臺。相較於網頁資料，對話資料的收集和處理難度較大，而且高品質對話資料的數量相對較少。

#### 3）圖書資料

與其他語料庫相比，圖書作為長文字書面語的資料來源，具有極高的價值。它為大型模型提供了豐富的學習資源，並且有助大型模型深入理解複雜的語言現象，如語言知識、長距離的依賴關係和長文字生成等。然而，由於版權等因素的限制，可獲取的開放原始碼圖書資料資源相對較少。目前，研究界通常把 Pile 語料庫中的資料集作為開放原始碼圖書資料的主要來源。

### 2．專業資料

專業資料對於提升大型模型在特定下游任務中的具體表現很有幫助。

#### 1）多語言資料

將不同語言的資料整合到大型模型中可以顯著提高其在多語言的理解和生成方面的能力。舉例來說，BLOOM[4] 和 PaLM[5] 是兩個使用了多語言資料的大型模型，BLOOM 整合了涵蓋 46 種語言的資料，而 PaLM 整合了涵蓋 122 種語言的資料。這種模型在多語言任務（如翻譯、多語言摘要和多語言問答等）中表現出令人印象深刻的性能，並且在目的語言的單語言任務中也能達到或超過其他單語言模型的性能水準。透過整合多語言資料，大型模型能夠更進一步地理解和生成不同語言的文字，從而提高其跨語言的應用能力。這樣的整合能夠為大型模型提供更廣泛的語言知識和語境，進一步提升其在多語言環境下的表現。

### 2）科學資料

隨著科學出版物的增加，人們對科學的研究和探索也在不斷深入。為了提高大型模型對科學知識的理解能力，將科學資料納入大型模型的預訓練過程是非常有必要的。透過在大量科學資料上進行預訓練，大型模型可以在科學和推理任務中展現出良好的性能。為了建構科學語料庫，目前的研究主要集中在收集來自 arXiv 論文 [6]、科學教科書、科學網頁等的資料。考慮到科學資料的複雜性，如數學符號和蛋白質序列等的複雜性，通常需要採用特定的詞元切分和前置處理技術，將不同格式的資料轉為大型模型可以一致處理的形式。科學資料的整合使大型模型能夠更進一步地理解科學領域的文字，並且具備解決科學問題和完成推理任務的能力。透過在科學資料上進行預訓練，大型模型能夠獲得與科學相關的知識和語境，從而提高其在科學領域的性能和適用性。

### 3）程式資料

近年來，程式生成領域的研究受到人們的廣泛關注。最新的研究表明，在大規模程式資料上對大型模型進行預訓練，可以顯著提高生成程式的品質。這種大型模型在設計單元測試用例或解決競技程式設計問題方面表現出色。用於預訓練大型模型的程式資料通常有兩個主要來源，即程式設計問答社區（如 Stack Exchange[7]）和公共軟體庫（如 GitHub[8]）。相較於自然語言文字資料，程式資料具有程式語言的格式，其中包含長距離的依賴關係和準確的執行邏輯。預訓練大型模型使用程式資料能夠使大型模型對程式生成任務有更好的理解，並且能夠生成具有準確邏輯和語法的程式，這對於提升程式生成模型的能力和性能具有重要意義。

下面以現有的研究為例說明大型模型訓練語料的組成。GPT-3[9]（參數量為 1750 億個）使用了 3000 億個混合資料集，包括 Common Crawl、WebText2、Books1、Books2 和維基百科；PaLM[5]（參數量為 5400 億個）使用了 7800 億個混合資料集，包括社交媒體對話、過濾後的網頁、書籍、GitHub、多語言維基百科和新聞；Llama[10]（參數量為 650 億個）使用了 14 000 億個混合資料集，包括 Cmmon Crawl、C4、GitHub、維基百科、書籍、arXiv 和 Stack Exchange。

## 1.3.2 資料處理

在收集到大量資料之後，對資料進行處理以建構訓練語料庫非常重要，特別是要刪除雜訊、容錯、不相關和潛在有害的資料，這些資料可能會影響大型模型的容量和性能。

### 1．資料過濾

目前，過濾收集到的資料中的低品質資料有兩種主要方法 [11]：基於分類器的過濾方法和啟發式過濾方法。基於分類器的過濾方法需要先使用高品質資料進行分類器訓練，然後將分類器應用於辨識和過濾低品質資料。該方法利用分類器對資料進行判別，將被分類為低品質的資料過濾掉。啟發式過濾方法透過設計一組合理的規則來過濾低品質資料。這些規則可以基於語言特徵、指標、統計資訊及關鍵字等進行設計。啟發式過濾方法的例子包括 BLOOM[4] 和 Gopher[12] 等。透過採用這些資料過濾方法，可以有效地辨識和過濾低品質資料，從而提高語料庫的品質。

### 2．去重

為了提高大型模型的訓練效率，確保大型模型訓練的多樣性和穩定性，對訓練語料庫進行去重是必要的。去重過程可以在不同的粒度等級上進行，包括句子等級、文件等級和資料集等級。在句子等級上，應該刪除低品質的句子，包括重複的單字和短語，因為它們可能會引入重複模式，降低大型模型訓練的多樣性。在文件等級上，可以使用統計特徵之間的重疊比例（如單字和 *N*-gram 詞重疊）來檢測和刪除具有相似內容的重複文件。透過刪除重複文件，可以確保預訓練資料的豐富性和多樣性。在資料集等級上，為了避免發生資料集污染問題，還應從訓練集中刪除可能的重複文字，以防止訓練集和評估集之間存在重疊。這樣可以確保大型模型在用於評估時能夠處理未見過的資料，並提高其泛化能力。

### 3．隱私重構

預訓練資料主要來源於網際網路，其中包含使用者生成的內容，可能涉及敏感資訊或個人資訊，使用這些資料有洩露使用者隱私的風險。因此，有必要對預訓練資料進行處理，以刪除其中的個人可辨識資訊（Personally Identifiable Information，PII）。一種直接而有效的處理方法是，採用基於規則的技術（如關鍵字檢測）辨識和刪除包含姓名、地址、電話號碼等 PII 的內容。採用這樣的處理方法有助保護使用者隱私，確保敏感資訊不會被不當使用。

### 4．詞元切分

詞元切分也是資料處理的關鍵步驟。詞元切分的目的是將原始文字分割成單一詞元的序列，作為大型模型的輸入內容。在基於 Transformer 的大型模型中廣泛使用的詞元切分技術通常包括位元組對編碼（Byte Pair Encoding，BPE）演算法 [13]、WordPiece[14] 和 Unigram[15]。BPE 演算法是 1994 年提出的一種通用資料壓縮演算法 [16]，之後被改編為用於 NLP 的詞元切分演算法，使用此演算法的代表性大型模型包括 GPT-2[17]、BART[18] 和 Llama[10]。WordPiece 最初被用於語音搜索系統，在 2016 年被用於神經機器翻譯系統 [19]，在 2018 年被用於 BERT[20] 的詞元切分。T5[21] 和 mBART[22] 採用 Unigram 技術建構詞元切分器。

## 1.4 大型模型的預訓練及微調

大型模型通常需要先透過在大規模資料上進行無監督預訓練學習通用知識，然後透過指令微調獲取理解自然語言指令的能力，最後透過人類回饋微調使輸出符合人類偏好。

## 1.4.1 無監督預訓練

大型模型，如 GPT-3，是在大規模資料上進行訓練的，以給定的首碼來進行 NTP。透過將 NTP 的訓練目標、大規模資料集及超高參數量的模型相結合，能夠產生性能極強的基座模型，該基座模型可以「理解」任何文字輸入，並且可以在此基礎上進行「創作」。

### 1．規模定律

規模定律[1]（Scaling Law）指的是模型性能與模型規模之間的漸進關係。簡單來說就是隨著模型規模、資料集的增大和用於訓練的計算浮點數的增多，模型性能會提高。為了得到最佳模型性能，這三個因素必須同時放大。當不受其他兩個因素的限制時，模型性能與每個單獨的因素都有冪律關係。

### 2．語境學習

GPT-3[2] 的研究論文指出，大規模的訓練資料催發一種新的學習範式，稱為語境學習（In-Context Learning，ICL）。ICL 並不需要更新模型參數，僅用幾條下游任務的範例就可以取得較好的性能。

## 1.4.2 指令微調

經過預訓練的大型模型，已經被證明能極佳地進行小樣本學習。但是它們在零樣本學習方面表現較差。

FLAN[3] 提供了一種指令微調的方法，用來提高大型模型的零樣本學習能力。NLP 任務可以透過自然語言指令來描述，如「這篇電影評論中蘊含的情緒是積極的還是消極的？」「把 '你好 ' 翻譯成中文」。指令微調是指在透過自然語言指令描述的 NLP 資料集上，對預訓練大型模型進行指令調優。圖 1-3 所示為 Alpaca[4] 指令微調資料集中的中文翻譯範例。

```
{
"instruction": "舉出三個保持健康的秘訣。",
"input": "",
"output": "1. 均衡飲食，多吃水果和蔬菜。\n2. 定期鍛煉，保持身體活躍和強壯。\n3. 充足的睡眠，保持規律的作息時間。"
},
```

```
{
"instruction": "什麼是三原色？",
"input": "",
"output": "三原色是紅、藍、黃。"
}
```

```
{
"instruction": "描述原子的結構。",
"input": "",
"output": "原子由原子核心組成，原子核心包含質子和中子，周圍環繞著圍繞原子核心運行的電子。質子和中子帶正電荷，而電子帶負電荷，從而形成整體中性原子。每種粒子的數量決定了原子序數和原子類型。"
}
```

```
{
"instruction": "我們怎樣才能減少空氣污染？",
"input": "",
"output": "減少空氣污染的方法有很多，如轉向可再生能源、鼓勵使用公共交通工具、禁止燃燒化石燃料、實施工業源減碳政策及實施機動車排放標準。此外，個人可以透過減少汽車使用、避免燃燒木材等材料及改用節能電器來為減少空氣污染做出自己的貢獻。"
}
```

```
{
"instruction": "描述一次你不得不做出艱難決定的經歷。",
"input": "",
"output": "當我在一家建築公司擔任專案經理時，我不得不做出一個艱難的決定。我負責一個需要在特定日期前完成的專案，以滿足客戶的期望。然而，由於意外的延誤，我們無法在截止日期前完成，所以我不得不做出一個艱難的決定。我決定延後截止日期，但我不得不進一步擴充團隊的資源並增加預算。儘管這是一個冒險的決定，但我最終決定繼續進行，以確保專案按時完成並滿足客戶的期望。該項目最終成功完成，這被視為對我的領導能力和決策能力的考驗。"
}
```

▲ 圖 1-3 Alpaca 指令微調資料集中的中文翻譯範例

指令微調結合了預訓練 - 微調及提示工程（Prompt Engineer）的研究範式，透過監督微調的方式提高大型模型在推理時的自然語言互動能力。實驗證明，大型模型能夠極佳地執行透過自然語言指令描述的任務，同時評估結果也表明 FLAN 能夠顯著提高參數量為 130 億個及 70 億個的大型模型的零樣本學習能力，在很多工中的小樣本學習能力甚至超過了 GPT-3。研究表明，增加指令微調的任務多樣性可以提高大型模型對訓練時不可見任務的性能，並且指令調優只有在足夠大的模型規模下才會發揮作用。

## 1.4.3 基於人類回饋微調

研究表明，持續增大型模型規模並不能使模型的輸出更符合人類偏好。舉例來說，大型模型可能會生成不真實、有害或對使用者無益的輸出，即不符合人類偏好的輸出。

InstructGPT[5] 提供了一種基於人類回饋微調（Reinforcement Learning from Human Feedback，RLHF）的方法，該方法能夠在廣泛的任務中使模型的輸出符合人類偏好。在人工評估中，InstructGPT（參數量為 13 億個）的生成結果要優於 GPT-3（參數量為 1750 億個）的生成結果，這表明基於人類回饋微調是使模型的輸出更符合人類偏好的一種有前景的方法。這種方法主要包括以下兩個步驟。

- 收集偏好資料，訓練獎勵模型：從問題庫中選擇問題，重複生成多次回答，讓標注者進行排序，利用排序資料訓練獎勵模型來預測人類偏好。
- 基於強化學習微調生成模型：首先重新選擇一個問題，模型生成回答，獎勵模型對回答進行評分，作為純量獎勵，其次利用近端策略最佳化（Proximal Policy Optimization，PPO）演算法 [6] 透過最佳化獎勵來微調生成模型。

這兩個步驟可以連續迭代進行，透過基於當前最佳策略收集更多的偏好資料，訓練出更好的獎勵模型，進而訓練出更好的策略。

PPO 演算法是一種強化學習演算法，透過使獎勵訊號的期望最大化來微調模型的策略，使模型的輸出更符合人類偏好。在微調過程中，強化學習的策略是接受 Prompt 並且返回文字回覆。行動空間是語言模型的詞表對應的所有子詞單元。觀察空間是所有可能的輸入序列。強化學習通常會有難以訓練的問題，隨著微調模型的更新，強化學習產生的資料和訓練獎勵模型的資料的差異會越來越大，另外 PPO 訓練會導致模型在通用任務中的性能大幅下降。為了緩解強化學習訓練問題，在進行微調訓練時會在 PPO 訓練目標中加入 Kullback-Leibler（KL）散度的懲罰項和通用的語言模型目標。

## 1.5 大型模型的評測

評測是大型模型研究工作中不可或缺的一環，評測大型模型有助研究人員更進一步地分析大型模型的優勢和局限性，全面有效的評測結構可用於指導迭代最佳化模型的訓練與設計。除此之外，隨著大型模型的廣泛使用，評測大型模型的安全性與堅固性也是至關重要的，特別是在安全敏感行業中，如金融行業和醫療保健行業 [1]。相較於傳統語言模型，大型模型具有能更進一步地對上下文建模、可處理更複雜的語言結構，以及能更準確地遵循指令等優勢。此外，隨著模型規模的增大，大型模型湧現出許多傳統語言模型不具備的性能。因此，目前用於傳統語言模型的評測方法不足以全面反映出大型模型的性能。

針對主流的大型模型，如 ChatGPT[2]，PaLM[3] 等，目前已有很多研究圍繞其通用性能或特定方面的性能展開評測 [4-7]。本節將分別對評測大型模型不同性能所展開的特定任務、使用到的資料集和方法，以及目前大型模型評測面臨的挑戰介紹。

### 1.5.1 評測任務

大型模型的評測任務可以分為 NLP 任務與其他特定方面的性能評測任務，如堅固性、有毒性、偏見、人類考試、數學推理及程式撰寫等任務。

## 1．NLP 任務

用於傳統語言模型評測的 NLP 任務也是評測大型模型性能的主要任務。NLP 任務主要包括自然語言理解任務與自然語言生成任務。對自然語言理解任務，已有較多研究在情感分析、文字分類、資訊提取等方面評測當前大型模型的性能。舉例來說，文獻 [8] 在 18 個基準資料集和 5 個有代表性的情感分析任務中將 ChatGPT 與微調後的 BERT 及評測任務相應的最好模型進行了比較；文獻 [6] 使用 7 個細粒度資訊提取的任務，從 ChatGPT 的性能、可解釋性、校準性和忠實度 4 個方面進行了系統的分析。自然語言生成任務主要包括問答、機器翻譯、自動摘要等。自然語言生成任務相較於自然語言理解任務更具有挑戰性。舉例來說，文獻 [9] 發現 ChatGPT 在低資源語言場景下的整體性能下降是由自然語言生成過程的性能下降而非自然語言理解過程的性能下降導致的。

## 2．堅固性、有毒性、偏見任務

隨著大型模型的廣泛使用，堅固性、有毒性、偏見等問題的重要性日漸凸顯。堅固性用於衡量大型模型面對擾動時的穩定性，目前對於大型模型堅固性的研究主要分為針對分佈外（Out of Distribution，OOD）泛化的研究和對抗堅固性問題的研究。文獻 [10] 採用 AdvGLUE 和 ANLI 基準來評測對抗堅固性，並採用 Flipkart 和 DDXPlus 資料集進行分佈外泛化評估。在大型模型廣泛的預訓練語料中，可能包含有毒性和偏見內容。有毒性指的是大型模型在回覆中無意中產生有害的、有攻擊性的或不恰當的內容。偏見指的是大型模型對性別、種族、宗教、職業和意識形態的明顯偏向。文獻 [11] 探究了 ChatGPT 面臨的倫理問題、資料偏差和安全問題，同時討論了潛在的緩解策略。

## 3．人類考試、數學推理、程式撰寫任務

人類考試、數學推理、程式撰寫可以反映大型模型與人類能力（如推理能力及工程能力）的對比結果。考試是衡量人類知識水準的常見方法，GPT-4[4] 和 PaLM 2[5] 的技術報告中都展現了其在人類考試、數學推理、程式撰寫方面的表現。PaLM 2[5] 為了表現其在多語言上的優越性，將 HumanEval 資料集翻譯成其他程式語言進行評測，依然獲得了較為不錯的結果。

## 1.5.2 評測資料集

文獻 [1] 對當前大型模型的評測資料集與基準進行了較為詳細的總結，並且將當前的評測資料集分為通用語言任務資料集和特定的下游任務資料集。表 1-1 所示為評測任務和相應的評測資料集。

▼ 表 1-1 評測任務和相應的評測資料集

| 評測任務 | 評測資料集 |
|---|---|
| 通用語言任務 | MMLU[17] |
| | BIG-Bench[16] |
| | GLUE[14] |
| | SuperGLUE[15] |
| | HELM[18] |
| | TriviaQA[23] |
| | AI2 Reasoning Challenge（ARC)[24] |
| 數學工程任務 | MATH[19] |
| | GSM-8K[25] |
| | MGSM[26] |
| 程式撰寫任務 | HumanEval[27] |
| | MBPP[28] |
| 多輪對話任務 | MT-Bench[13] |
| | Chatbot Arena[12] |
| 醫學相關任務 | MultiMedQA[20] |
| 人類考試任務 | M3Exam |
| | GAOKAO-Bench[22] |
| 中文任務 | C-Eval[21] |

### 1．通用語言任務資料集

通用語言任務資料集包含多種 NLP 任務資料集、穩定性評估資料集及多工資料集等，傾向於探究大型模型的綜合能力。Chatbot Arena[12] 和 MT-Bench[13] 是評測大型模型的多輪對話能力的兩個重要基準。Chatbot Arena 提供了一個開放平臺，使用者可在該平臺上對兩個隨機分配的匿名大型模型的回覆進行投票。MT-Bench 提供了 80 個高品質的多輪問題，旨在評測大型模型的多輪對話和指令執行能力。GLUE[14] 與 SuperGLUE[15] 是對大型模型的自然語言理解任務，包括推理任務、相似性任務等進行評測的基準。BIG-Bench[16] 和 MMLU[17] 用於對大型模型的知識理解和記憶能力進行評測。BIG-Bench 由 204 項任務組成，任務主題涉及語言學、兒童發展、數學、常識推理、生物學、物理學、社會偏見、軟體開發等領域。MMLU 覆蓋了各個等級 57 個學科的知識。HELM[18] 綜合了模型的 7 個評測指標，包括準確性、校準、堅固性、公平性、偏差、有毒性和效率。

### 2．特定的下游任務資料集

特定的下游任務資料集與基準涉及數學、特定語言、特定領域等方面的評測。MATH[19] 包含 12 500 道具有挑戰性的競賽數學題。MultiMedQA[20] 由 7 個與醫學 QA 相關的資料集組成，專注於醫學檢查、醫學研究和消費者保健問題，可用於醫學知識評測。C-Eval[21] 是一個中文任務資料集，其題目覆蓋人文、社科、理工、其他專業四大方向，用於評測大型模型的中文知識和推理能力。GAOKAO-Bench[22] 以中國學測題目作為資料集，用於評測大型模型的語言理解能力和邏輯推理能力。

## 1.5.3 評測方法

大型模型的評測方法主要可分為自動評測和人工評測。與人工評測相比，自動評測通常耗費較少的時間和人力，具有效率高、迭代快的特點。但人工評測能提供更全面、更準確的真實回饋。在傳統 NLP 任務中，通常使用 BLEU[29]、ROUGE[30] 等自動評測指標。近年來也有研究使用大型模型輔助進行自動評測。

PandaLM[31] 是一個專門用於評測大型模型性能的裁判大型模型，PandaLM 可作為裁判大型模型實現可重複和自動化的大型模型評測。文獻 [13] 採用 GPT-4 和 GPT-3.5 作為裁判大型模型，分析了裁判大型模型在位置偏見、文字長度偏見等問題上的缺陷。

## 1.5.4 評測中的挑戰

### 1．評測資料集洩露

由於大型模型的訓練資料規模十分龐大，資料集細節並不具象，並且通常不開放原始碼，因此評測資料集有可能已經包含在大型模型的訓練資料集中，從而導致評測的結果不準確。

### 2．評測資料集覆蓋不全面

大型模型多方面的性能均需要進行評測，但目前的評測資料集和基準難以覆蓋全面的評測任務及各種不同的評測方法，這可能導致評測的結果不準確及不堅固的問題。

文獻 [1] 中也提到了目前大型模型評測面臨的一些挑戰，包括如何設計更堅固的評測、如何設計更可靠的評測，以及如何設計一個統一的、支援所有大型模型的評測框架等。

# 2 部署 Llama 2 大型模型

為什麼需要部署大型模型？

大型模型正在各行各業中應用，以提高人們的生產力和獲取資訊的能力。在醫療保健行業中，大型模型能協助醫生進行診斷和制訂護理計畫，同時為患者提供個性化的康復評估和診療諮詢。在金融行業中，大型模型結合本地的文件庫或知識庫，能完成自然、靈活的資訊檢索和資料搜索。大型模型透過類似於人類對話的自然對話模式，使專業知識和複雜資訊能被輕易獲取。出於資料隱私、垂直訂製、成本控制等各種原因，使用者可能不會滿足於僅透過付費介面來呼叫「黑盒」式的大型模型服務，開放原始碼的大型模型給我們提供了靈活微調與本地部署的便利。本章將探討如何部署開放原始碼的 Llama 2 大型模型。

## 2.1 部署前的準備

部署大型模型前應確保有足夠的下載模型權重的硬碟空間，合適的 CPU、記憶體大小，以及 NVIDIA（英偉達）GPU 型號。

### 2.1.1 硬體準備

部署不同參數的 Llama 2 大型模型對 GPU 的要求如表 2-1 所示。

▼ 表 2-1 部署不同參數的 Llama 2 大型模型對 GPU 的要求

| 模型名稱 | 模型載入名稱 | 基礎模型版本 | 模型權重大小 |
| --- | --- | --- | --- |
| Llama2-Chinese-7b-Chat | FlagAlpha/Llama2-Chinese-7b-Chat | meta-llama/Llama-2-7b-chat-hf | 13.50GB |
| Llama2-Chinese-13b-Chat | FlagAlpha/Llama2-Chinese-13b-Chat | meta-llama/Llama-2-13b-chat-hf | 26.03GB |

本次我們要部署 Llama2-Chinese-7b-Chat 模型，其對顯示卡的要求如表 2-2 所示。

▼ 表 2-2 Llama2-Chinese-7b-Chat 模型對顯示卡的要求

| 模型名稱 | 顯存需求 | 顯卡型號 |
| --- | --- | --- |
| Llama2-Chinese-7b-Chat | >12GB | RTX 2060 12GB，3060 12GB，3080，A2000 及以上 |

### 2.1.2 環境準備

Python 版本：3.9.6 及以上。

可以透過在命令列中運行以下命令來檢查 Python 版本：

```
Plain Text
python --version
```

如果 Python 版本低於 3.9.6，那麼需要更新 Python。如果系統中沒有安裝 Python，或想在一個獨立的環境中安裝新的 Python 版本，那麼可以考慮使用像 Anaconda 或 pyenv 這樣的 Python 版本管理工具。

Anaconda 是一個流行的 Python 和 R 的發行版本，包含 Conda（一個套件和環境管理器），以及大量的科學計算函數庫。使用 Anaconda 可以輕鬆地在同一個系統中管理和切換多個 Python 版本與環境，Anaconda 非常適用於科學計算和資料分析。

下面是使用 Anaconda 安裝 Python 的步驟。

（1）造訪 Anaconda 的官方①網站下載 Anaconda。

（2）根據作業系統（Windows、macOS 或 Linux）和系統類型（32 位元或 64 位元），選擇合適的 Anaconda 版本進行下載。Anaconda 預設包含最新版本的 Python，因此不需要另外選擇 Python 版本。

（3）下載完成後，打開安裝套件並按照安裝精靈的提示進行安裝。

- Windows 使用者：按兩下下載的 exe 檔案開始安裝。
- macOS 使用者：按兩下下載的 pkg 檔案開始安裝。
- Linux 使用者：在終端中，進入下載檔案的目錄，運行 bash Anaconda3-xxx.sh（其中 xxx 是下載的 Anaconda 的版本編號）。

（4）在安裝過程中，記得勾選或同意將 Anaconda 增加到 PATH 環境變數中。

（5）安裝完成後，打開命令列或終端，運行 python--version 命令，如果顯示 Python 版本編號，那麼說明 Python 已經成功安裝。可以運行 conda list 命令來查看已經安裝的 Python 套件和函數庫。

一旦安裝了 Anaconda，就可以使用 conda 命令來建立和管理 Python 環境，以及安裝和更新 Python 套件。舉例來說，可以使用以下命令建立一個新的 Python 環境：

① 橙色文字對應的網址，請下載本書書附電子文件查看。

```
Plain Text
conda create --name myenv python=3.9
```

在這個命令中，myenv 是新環境的名稱；python=3.9 指定了想在這個環境中安裝的 Python 版本。使用者可以根據實際需要修改這些參數。

建立環境後，可以先使用 conda activate myenv 命令來啟動這個環境，然後在這個環境中安裝和運行 Python 程式。如果想退出環境，那麼可以使用 conda deactivate 命令。

## 2.2 模型的匯入與載入

本節將詳細介紹如何匯入並載入訓練好的大型模型。模型檔案中儲存著大型模型的網路結構，以及在上游預訓練任務中訓練好的節點權重，所以載入完成後即可進行使用。本節還將介紹如何透過不同方式載入模型並進行推理或執行其他任務。

### 2.2.1 下載程式

匯入並載入訓練好的 Llama 2 大型模型通常需要使用 Python 的 PyTorch 函數庫。首先需要安裝 PyTorch 函數庫和 Transformers 函數庫，這可以透過 pip 命令來完成。

Llama 2 大型模型，也就是預訓練模型，權重檔案格式有多種，其中最常見的包括以下幾種。

（1） **PyTorch 的 ".pth" 或 ".pt" 格式**：這種格式由 PyTorch 提供，可以直接被 PyTorch 函數庫讀取。它用於儲存模型權重，並且支援在 GPU 和 CPU 之間進行無縫切換。

（2） **TensorFlow 的 ".ckpt" 格式**：這種格式由 TensorFlow 提供，可以直接被 TensorFlow 函數庫讀取。它同樣用於儲存模型權重，但不支持在 GPU 和 CPU 之間進行無縫切換。

（3）**Hugging Face 的 ".bin" 格式**：這種格式由 Hugging Face 的 Transformers 函數庫提供，可以被 Transformers 函數庫讀取。它用於儲存模型的所有權重，並且支持在 GPU 和 CPU 之間進行無縫切換。

此外，預訓練模型權重檔案通常需要與模型的設定檔（通常是一個 ".json" 檔案）一起使用，該設定檔描述了模型的結構和超參數。在載入模型時，首先讀取設定檔來建構模型的結構，其次從預訓練模型權重檔案中讀取權重來初始化模型。

運行下面的命令從 GitHub 中拉取 Llama2-Chinese 倉庫中的程式：

```
Plaintext
git clone https://github.com/FlagAlpha/Llama2-Chinese.git
```

過程截圖如圖 2-1 所示。

```
(base) root@server014:/data# git clone https://github.com/FlagAlpha/Llama2-Chinese.git
Cloning into 'Llama2-Chinese'...
remote: Enumerating objects: 187, done.
remote: Counting objects: 100% (69/69), done.
remote: Compressing objects: 100% (56/56), done.
remote: Total 187 (delta 29), reused 31 (delta 11), pack-reused 118
Receiving objects: 100% (187/187), 6.70 MiB | 2.27 MiB/s, done.
Resolving deltas: 100% (75/75), done.
```

▲ 圖 2-1 過程截圖

拉取完成後，會在目前的目錄下生成 Llama2-Chinese 倉庫的目錄，其結構如圖 2-2 所示。

```
(base) root@server014:/data/Llama2-Chinese# ll -a
total 60
drwxr-xr-x 8 root root  4096 Jul 27 02:54 ./
drwxr-xr-x 5 root root  4096 Jul 27 02:54 ../
drwxr-xr-x 2 root root  4096 Jul 27 02:54 assets/
drwxr-xr-x 2 root root  4096 Jul 27 02:54 data/
drwxr-xr-x 2 root root  4096 Jul 27 02:54 docker/
drwxr-xr-x 2 root root  4096 Jul 27 02:54 examples/
drwxr-xr-x 8 root root  4096 Jul 27 02:54 .git/
-rw-r--r-- 1 root root 22132 Jul 27 02:54 README.md
-rw-r--r-- 1 root root   424 Jul 27 02:54 requirements.txt
drwxr-xr-x 3 root root  4096 Jul 27 02:54 train/
```

▲ 圖 2-2 Llama2-Chinese 倉庫的目錄結構

## 2.2.2 下載模型

透過存取 Llama 中文社區獲取 Llama 2 大型模型，可以手動根據檔案連結直接下載對應的模型，也可以透過 Hugging Face 載入託管在其平臺的模型權重。請注意，由於模型檔案通常較大，因此請確保網路連接順暢並耐心等待。可以根據表 2-3 中的模型資訊選擇並載入對應的模型。

▼ 表 2-3 模型資訊

| 模型名稱 | 模型載入名稱 | 基礎模型版本 |
|---|---|---|
| Llama2-Chinese-7b-Chat | FlagAlpha/Llama2-Chinese-7b-Chat | meta-llama/Llama-2-7b-chat-hf |
| Llama2-Chinese-13b-Chat | FlagAlpha/Llama2-Chinese-13b-Chat | meta-llama/Llama-2-13b-chat-hf |
| Llama2-Chinese-7b-Chat-LoRA | FlagAlpha/Llama2-Chinese-7b-Chat-LoRA | meta-llama/Llama-2-7b-chat-hf |
| Llama2-Chinese-13b-Chat-LoRA | FlagAlpha/Llama2-Chinese-13b-Chat-LoRA | meta-llama/Llama-2-13b-chat-hf |

透過 Hugging Face 呼叫託管模型的範例程式如下：

```
Plain Text
import torch
from transformers import AutoTokenizer, AutoModelForCausalLM
model = AutoModelForCausalLM.from_pretrained('FlagAlpha/Atom-7B',device_map='auto',
torch_dtype=torch.float16,load_in_8bit=True)
model =model.eval()
tokenizer = AutoTokenizer.from_pretrained('FlagAlpha/Atom-7B',use_fast=False)
tokenizer.pad_token = tokenizer.eos_token
input_ids = tokenizer(['<s>Human: 如何向一個六歲的孩子解釋什麼是機器學習？\n</s><s>
Assistant: '], return_tensors="pt",add_special_tokens=False).input_ids.to('cuda')
generate_input = {
    "input_ids":input_ids,
    "max_new_tokens":512,
    "do_sample":True,
    "top_k":50,
```

```
    "top_p":0.95,
    "temperature":0.3,
    "repetition_penalty":1.3,
    "eos_token_id":tokenizer.eos_token_id,
    "bos_token_id":tokenizer.bos_token_id,
    "pad_token_id":tokenizer.pad_token_id
}
generate_ids  = model.generate(**generate_input)
text = tokenizer.decode(generate_ids[0])
print(text)
```

上述程式中透過向大型模型提問「如何向一個六歲的孩子解釋什麼是機器學習？"，測試大型模型針對該問題的推理能力。下面我們查看對應的推理效果：

```
Python
(Llama2) [root@localhost Llama2-Chinese]# python demo.py
CUDA SETUP: Loading binary
/root/miniconda3/envs/Llama2/lib/python3.10/site-
packages/bitsandbytes/libbitsandbytes_cuda118_nocublaslt.so...
Loading checkpoint shards:
100%|██████████████████████████████████████████████████████| 3/3 [00:15<00:00,
5.28s/it]
<s><unk> : 如何向一個六歲的孩子解釋什麼是機器學習？
</s><s>Assistant: 向一個六歲的孩子解釋什麼是機器學習可能需要用簡單的語言和例子
來説明。你可以這樣解釋：
" 你知道電腦嗎？它們就像是很聰明的機器，可以幫助我們做很多事情。機器學習就是讓電
腦變得更聰明的一種方法。就像我們學習新東西一樣，電腦也可以透過機器學習來學習新
東西。
想像一下，如果你給電腦看一堆圖片，有一些是貓的圖片，還有一些是狗的圖片。一開始，
電腦不知道怎麼區分貓和狗，但是透過機器學習，它可以學會看到一些特別的東西，比如貓
的耳朵形狀或狗的尾巴形狀。然後，當你給電腦看一個新的圖片時，它可以用之前學到的
知識來猜測這是一隻貓還是一隻狗。
這就像是你學習認識新朋友一樣。一開始你可能不知道他們的名字，但是透過和他們交談，
你會了解到一些特別的東西，比如他們的笑容或他們的聲音。然後，當你再見到他們時，
你可以透過這些特徵來認出他們是誰。
所以，機器學習就是讓電腦透過觀察和學習，變得更聰明和有能力做一些事情，就像我們透
過觀察和學習來認識新朋友一樣。"

希望這個解釋能幫助你向一個六歲的孩子解釋什麼是機器學習！
```

若讀者運行 demo 程式也能看到大型模型針對問題的推理效果，則表明讀者的環境已經可以正常運行大型模型專案。至此，Llama 2 大型模型的部署與測試完成，下面介紹 Llama 2 大型模型的其他部署方式。

## 2.3 模型部署

由於大型模型推理時需要採用簡單的互動介面進行對話，因此本節介紹兩種模型部署方式，即 API 部署和 text-generation-webui 部署，這兩種模型部署方式都適用於大型模型的本地部署，讀者可根據自己的裝置與喜好進行選擇。

### 2.3.1 API 部署

API 部署是一種常見的模型部署方式，它允許我們透過網路請求與模型進行互動。本節將使用 FastAPI 和 Uvicorn 這兩個函數庫來部署模型。

為了完成 API 部署，需要安裝 FastAPI 函數庫和 Uvicorn 函數庫。這兩個函數庫都可以透過 pip 命令進行安裝：

```
Plaintext
pip install fastapi uvicorn
```

安裝完這兩個函數庫後，可以運行倉庫中的 accelerate_server.py 指令稿啟動 API 伺服器：

```
Plaintext
python accelerate_server.py \
--model_path /path/Llama2-Chinese-13B \
--gpus "0" \
--infer_dtype "int8" \
--model_source "llama2_chinese"
```

在這個命令中，使用了以下幾個參數。

- model_path：這個參數指定了模型的本地路徑。需要將其替換為 Llama 2 大型模型檔案所在的路徑。

- gpus：這個參數指定了需要使用的顯示卡編號。如果希望使用編號為 0 的顯示卡，那麼可以將此參數設定為 "0"；如果希望同時使用編號為 0 和 1 的顯示卡，那麼可將此參數設定為 "0,1"。
- infer_dtype：這個參數指定了模型載入後的參數資料型態。可以選擇的資料型態包括 int4、int8 和 float16。這個參數的設定會影響模型的運行效率和精度。
- model_source：這個參數指定了模型的源。可以選擇的源包括 llama2_chinese 和 llama2_meta。應該根據下載的模型的類型來選擇合適的源。舉例來說，下載的是 FlagAlpha 的模型，則應該將此參數設定為 "llama2_chinese"。

運行這個命令後，API 伺服器預設部署在本地的 8001 通訊埠，並透過 POST 方法進行呼叫。可以使用 accelerate_client.py 指令稿向 API 伺服器發送請求：

```
Plaintext
python accelerate_client.py
```

這個指令稿會向 API 伺服器發送一個請求，並列印 API 伺服器的回應。使用者可以修改這個指令稿，使其發送自己的請求。

## 2.3.2 text-generation-webui 部署

text-generation-webui 是基於 Gradio 開發的視覺化工具套件，主要用於運行大型模型的階段互動。以下是 text-generation-webui 的一些簡單特性。

- 支援 3 種互動模式：分列模式、Notebook 模式和聊天模式。
- 支援多種模型後端：Transformers、llama.cpp、ExLlama、AutoGPTQ、GPTQ-for-LLaMa、CTransformers 等。
- 快速切換不同模型的下拉式功能表。
- LoRA：即時載入和卸載 LoRA，使用 QLoRA 訓練新的 LoRA。

- 精確的聊天模式指令範本：Llama2-Chat、Alpaca、Vicuna、WizardLM、StableLM 等。
- 支持 Transformers 函數庫進行 4 位元、8 位元及 CPU 推理。
- 支持 Transformers 採樣器的 llama.cpp 模型（llamacpp_HF 載入器）。
- 多模態管道：LLaVA 和 MiniGPT-4。
- 支援 LaTeX 著色的 Markdown 輸出，如可以與 Galactica 一起使用。
- 自訂聊天角色。
- 高效的文字流式處理。

## 1．直接安裝 text-generation-webui

text-generation-webui 對電腦設定要求很低，CPU 和 6GB 顯存的顯示卡均可安裝，安裝方法也非常簡單。

（1） 打開 text-generation-webui 的專案頁面，如圖 2-3 所示。

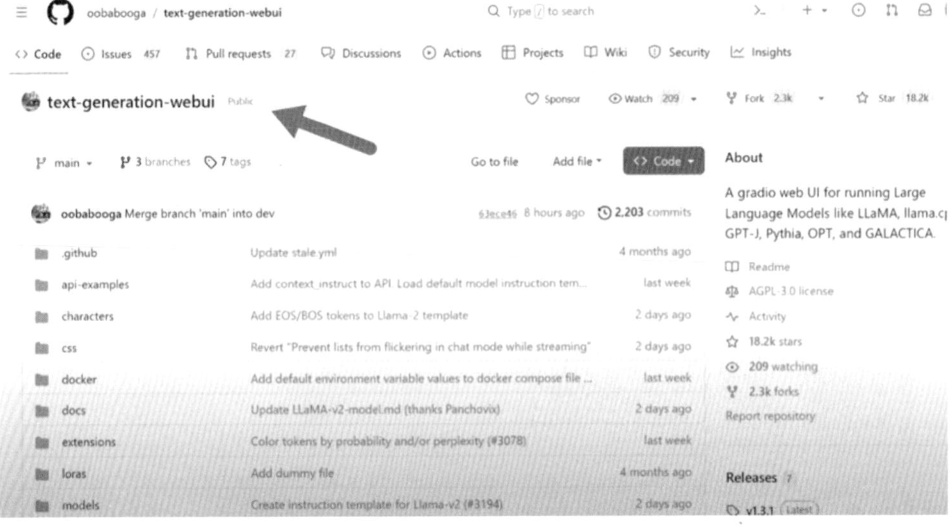

▲ 圖 2-3 text-generation-webui 的專案頁面

（2） 找到 One-click installers，根據自己的作業系統下載對應的一鍵安裝套件，如圖 2-4 所示。

**Installation**

**One-click installers**

| Windows | Linux | macOS | WSL |
|---|---|---|---|
| oobabooga-windows.zip | oobabooga-linux.zip | oobabooga-macos.zip | oobabooga-wsl.zip |

Just download the zip above, extract it, and double-click on "start". The web UI and all its dependencies will be installed in the same folder.

▲ 圖 2-4 One-click installers

**解壓**：把該安裝套件解壓到需要安裝的磁碟目錄下，按兩下 Start Windows bat 解壓。

**選擇 GPU 類型**：在安裝過程中會提示選擇 GPU 類型，輸入對應的字母即可，如圖 2-5 所示。如果沒有顯示卡，則可以選擇 CPU 選項。

注意：text-generation-webui 的 Windows 版本和 AMD 系列顯示卡不相容。

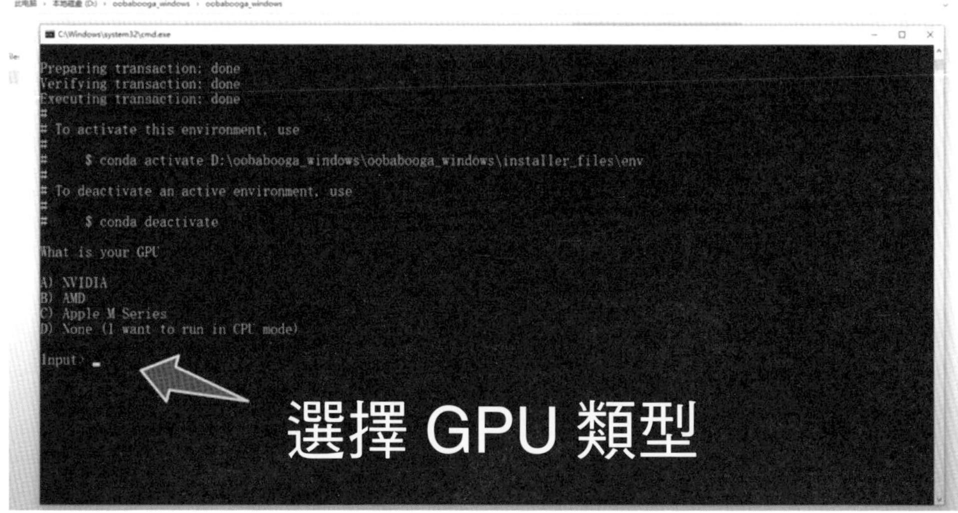


▲ 圖 2-5 選擇 GPU 類型

### 2．透過 Conda 安裝 text-generation-webui

除了直接安裝，還可以透過 Conda 進行 text-generation-webui 的安裝，下面簡單介紹安裝命令和步驟。

（1） 安裝 Conda。

造訪 Conda 官方網站，下載並安裝 Conda，或在 Linux/WSL 系統中，透過以下兩條命令來進行自動安裝：

```
Python
curl -sL "https://repo.anaconda.com/miniconda/Miniconda3-latest-
Linux-x86_64.sh" > "Miniconda3.sh"
bash Miniconda3.sh
```

（2） 安裝 text-generation-webui，安裝命令如下：

```
Python
  # 建立一個新的 conda 環境
  conda create -n textgen python=3.10.9
  conda activate textgen
```

## 2.3.3 使用 text-generation-webui

### 1．準備模型權重

首先，將下載後的 LoRA 權重及 Hugging Face 格式的 llama-7B 模型權重分別放到 loras、models 資料夾下，目錄檔案如下：

```
Python
ls loras/Llama2-7b
adapter_config.json  adapter_model.bin  special_tokens_map.json  tokenizer_
config.json  tokenizer.model

ls models/llama-7b-hf
pytorch_model-00001-of-00002.bin pytorch_model-00002-of-00002.bin config.json
pytorch_model.bin.index.json generation_config.json
```

其次，複製 LoRA 權重的 tokenizer.model 到 models/llama-7b-hf 下，並修改 /modules/LoRA.py 檔案（text-generation-webui 預設從 models 下載入 tokenizer.model，因此需要使用擴充中文詞表後的 tokenizer.model 並修改原始 llama-7b-hf 的 embed_size）：

```
Python
cp loras/Llama2-7b/tokenizer.model models/llama-7b-hf/
cp loras/Llama2-7b/special_tokens_map.json models/llama-7b-hf/
cp loras/Llama2-7b/tokenizer_config.json models/llama-7b-hf/
```

修改 /modules/LoRA.py 檔案只需在 PeftModel.from_pretrained() 方法之前增加程式：

```
Python
shared.model.resize_token_embeddings(len(shared.tokenizer))
shared.model = PeftModel.from_pretrained(shared.model, Path(f"{shared.args.
lora_dir}/{lora_name}"), **params)  # 該行原始程式碼中就有，無須改動
```

## 2．載入模型並啟動 text-generation-webui

運行以下命令即可與 Llama 2 大型模型對話：

```
Python
python server.py --model llama-7b-hf --lora Llama2-7b --cpu
```

對話截圖如圖 2-6 所示。

Chatbot

我要拍一個做紅燒肉的短視訊，請給我一個拍短視訊的指令稿

好的！以下是一份關於如何拍攝製作紅燒肉的視訊劇本：

場景設置：選擇一間寬敞明亮的廚房作為背景。牆壁上掛上一張烹飪工具清單和一張食譜卡片。桌子上置放著一些食材、調料和一些餐具（如刀叉）。

1. 開場鏡頭：展示整個房間的背景和氣氛，突出廚房的氣氛感。可以加入音樂或音效來增加氣氛。正文部分如下：
2. 匯入主角介紹：首先引入視訊中的主角——一位廚藝高超的女士 / 男士。她站在餐桌前微笑著向觀眾打招呼並自我介紹她的名字和你們將要一起製作的美食的名稱 “紅燒肉”。
3. 材料準備與切菜過程：女士開始詳細說明所需要的食材以及它們的數量和品質要求。然

▲ 圖 2-6 對話截圖

MEMO

# 3 微調 Llama 2 大型模型

在經過預訓練後，大型模型可以獲得完成各種任務的通用能力。然而，越來越多的研究表明，大型模型的能力可以透過進行針對特定目標的微調進一步提高。微調可以使大型模型適應特定任務，從而提高其性能和效率。透過微調，大型模型可以更進一步地理解特定領域的語言和術語，並且更準確地預測結果。此外，微調還可以幫助大型模型更進一步地適應不同的資料集和任務，從而提高其泛化能力和堅固性。因此，微調技術已經成為大型模型應用中不可或缺的一部分。

微調技術是一種對大型模型進行調整，以使其適應特定任務的技術。目前，微調技術主要有以下兩種。

（1） 指令微調：目標是提高大型模型的能力。

（2） 對齊微調：目標是將大型模型的行為與人類的價值觀或偏好對齊。

OpenAI 發佈的 ChatGPT 就應用了微調技術，從而獲得了非常好的效果。本章主要針對指令微調進行詳細的介紹。

指令微調是一種在自然語言格式的實例集合上微調預訓練後的大型模型的技術。這種技術與有監督微調和多工 Prompt 訓練密切相關。為了進行指令微調，首先需要收集或構造指令格式的資料。這些資料有各種來源，如人工標注的資料集、自動生成的資料集或從現有資料集中提取的樣本。其次需要使用這些格式化的實例以有監督的方式微調大型模型，如使用序列到序列的損失對大型模型進行訓練。

目前開放原始碼的大型模型，如 Llama 2，經過指令微調後，展現出了極高的泛化能力，即使在多語言場景下也有不錯的表現。這種泛化能力使大型模型可以適應各種任務和資料集，從而提高其性能和效率。此外，指令微調還可以幫助大型模型更進一步地理解特定領域的語言和術語，從而提高其預測準確性和可靠性。因此，指令微調已經成為大型模型應用中不可或缺的一部分。

## 3.1 微調的資料集準備和標注

在如今的 AI 領域，開放原始碼的大型模型，如 Llama 2，已經在各種 NLP 任務中獲得了顯著的成果。為了充分發揮這些大型模型的潛力，往往需要對它們進行微調，以使其適應特定的應用場景。在微調過程中，資料集的準備和標注是至關重要的環節。本節以 Llama 2 大型模型為例，詳細介紹微調的資料集準備和標注的步驟。

### 3.1.1 資料集準備

通常情況下，一個指令格式的實例資料包括一個任務描述 [ 被稱為指令（instruction）]、一個輸入和一個輸出。指令描述大型模型需要完成的任務，輸入是大型模型需要處理的原始資料，輸出是大型模型對輸入資料的預測結果。這種指令格式的實例資料可以幫助大型模型更進一步地理解特定任務的需求和目標，從而提高其性能和效率。

資料集一般可透過以下三種途徑建構。

（1） 格式化已有資料集。將傳統的 NLP 資料集按照特定的格式進行調整，用於指令微調。為降低格式化成本，可以透過 ChatGPT 生成指令。一般 Prompt：請你為這段內容生成一個合理的問題。使用者可以根據這個 Prompt 與 ChatGPT 進行互動，生成符合要求的資料。

（2） 人工標注資料集。採用這種方法建構的資料集更加符合人類的語言習慣，可以獲得更進一步地與人類的價值觀或偏好對齊的效果。為降低人工標注成本，目前很多資料集由 ChatGPT 生成，包括使用者分享的 ChatGPT 對話歷史（如 ShareGPT 資料集）和使用 ChatGPT 蒸餾生成的資料集。

（3） 重複使用開放原始碼資料集。重複使用開放原始碼資料集，從而增加微調任務的多樣性，提高大型模型的性能。

資料集可分為通用資料集和專用資料集。前者目前有大量開放原始碼資料集可供使用。透過使用通用資料集，我們可以訓練大型模型以使其具備通用任務場景的處理能力。後者是針對某個領域的資料集，可以根據具體需求和任務場景自行建構（如法律資料集、醫療資料集等），以滿足特定領域任務場景的理解和處理需求。透過使用專用資料集，我們可以提供更加精準和訂製化的指令，從而提高大型模型在特定領域的性能。

除了使用常規的資料集，引入多樣性的資料集也可以有效提高大型模型的性能，如 CoT 等。這些資料集可以幫助大型模型更進一步地理解和處理複雜的語言結構和推理任務，從而提高大型模型的性能和泛化能力。

因此，透過使用通用資料集、專用資料集，以及引入多樣性的資料集，可以有效提高大型模型的性能。這種綜合使用不同類型態資料集的方法已經獲得了廣泛的應用，並獲得了顯著的成果。

一般來說，我們採用上述方法得到資料集後，還需要進行以下處理，才能得到高品質的資料。

（1） 資料清洗。

資料清洗的目的是刪除資料中的低品質部分，包括：

- 文字清理（去除分行符號、字母大小寫轉換、URL 刪除、HTML 標籤刪除等），可以參考一些開放原始碼工具的自動化處理。
- 基於詮譯資訊過濾，如 OpenAI 篩選 Reddit 連結時過濾掉按讚數小於 3 的發文。

此外，還可以使用一些資料品質檢查方法自動刪除低質量資料。

（2） 資料過濾。

和資料清洗不同，資料過濾的目的是過濾掉不符合模型訓練目標的文字，可以採用不同的篩檢程式實現資料過濾。典型的資料過濾包括：

- 長度過濾：大型模型一般都有上下文限制，同時考慮到訓練目標，資料不能過短也不能過長。
- 語言過濾：如過濾掉阿拉伯語內容，視目標模型的多語言支援目標而定。
- 機器生成文字過濾：如過濾掉 Google 翻譯的文字、ChatGPT 生成的文字等。

（3） 資料去重。

研究表明，訓練資料中的重復資料會極大地降低模型的性能，所以需要對訓練資料進行去重。

針對微調訓練集，也可以使用向量檢索的方式進行資料去重。

（4） 價值觀控制。

價值觀控制是指從資料中過濾掉不符合所在國家法律或道德要求的內容，如涉及種族歧視、語言暴力等的內容，具體以所在國家的法律法規為準。

（5） 個人資訊脫敏。

個人資訊脫敏是指從資料中剔除受法律保護的個人資訊資料，如 ID、醫療記錄等。

## 3.1.2 資料集標注

透過上述方法，我們獲得了一批高品質的資料，如果要將這些資料用於大型模型的微調，還需要將其轉換成大型模型特定的輸入格式（這一步根據不同大型模型的情況來處理）。以 Llama 2 大型模型為例，一般將資料處理成 json 格式或 csv 格式的檔案，典型的資料格式如下：

```
{"instruction": "", "input": "", "output": ""}。
```

Llama 2 大型模型的指令微調格式範例如下：

```
Plaintext
{
    "instruction": "提供器材，建議一套鍛煉計畫。",
    "input": "引體向上杠，運動墊",
    "output": "運動計畫:\n\n1. 熱身：開始進行 5 分鐘的動態拉伸，如手臂環繞、腿擺動或跳躍杠。\n\n2. 上半身迴圈：在引體向上杠和運動墊上做以下幾個動作，每個動作做 3 輪，每輪 10 次：引體向上、俯臥撐、三頭肌二頭肌撐、平板支撐和側板支撐。\n\n3. 下半身迴圈：在運動墊上做以下幾個動作，每個動作做 3 輪，每輪 10 次：橋式、深蹲、側腿弓步和後蹲步。\n\n4. 核心迴圈：在運動墊上做以下幾個動作，每個動作做 3 輪，每輪 10 次：仰臥起坐、腿部抬高、斜方肌扭轉和背部伸展。\n\n5. 冷卻：最後進行 5 分鐘的靜態伸展運動，如眼鏡蛇式、貓 / 牛式或前屈。"
}
```

```
Plaintext
{
    "instruction": "列舉兩種人類減小對環境的影響的方法",
    "input": "",
    "output": "人們可以透過減少能源消耗和減少廢物產生來減小對環境的影響。透過使用節能家電、節能燈泡和節油車輛，以及回收、堆肥和再利用等方式，人們可以做出更可持續的選擇，對環境產生積極的影響。"
}
```

其中，"instruction"（指令）通常是指對大型模型的任務描述或指導。它可以是一個問題、一個命令、一個任務描述等，用於告訴大型模型需要完成什麼樣的任務或目標。

"input"（輸入）是指輸入大型模型的資料。對於 NLP 任務，輸入可以是一個文字、一句話、一個影像等。大型模型會根據輸入的資料進行處理和分析。

"output"（輸出）是指大型模型根據輸入資料生成的結果。對於 NLP 任務，輸出可以是一個回答、一個分類標籤、一個生成的文字等，取決於具體的任務和模型設計。

此外，還有一種對話微調（Conversation Tuning）格式。對話微調是一種特殊的指令微調，其目的是讓大型模型在「補全」能力的基礎上，解鎖「對話」能力。

典型的對話微調格式如下：

```
Plaintext
"<s>Human: "+問題+"\n</s><s>Assistant: "+答案
```

```
Plaintext
<s>Human: 用一句話描述地球為什麼是獨一無二的。</s><s>Assistant: 因為地球是目前為止唯一已知存在生命的行星。</s>
```

其中，"<s>Human: "+問題表示使用者輸入的問題；"\n</s> <s>Assistant: "+答案表示對話系統返回的答案。這段程式的意思是，將使用者輸入的問題和對話系統返回的答案以特定的格式輸出。

## 3.2 Llama 2 大型模型載入

Llama 2 是一個基於 PyTorch 的預訓練大型模型，可以用於各種 NLP 任務，如文字分類、命名實體辨識、情感分析和對話聊天等。本節將介紹如何載入 Llama 2 大型模型。

### 1．安裝 PyTorch 函數庫和 Transformers 函數庫

在使用 Llama 2 大型模型之前，需要安裝 PyTorch 函數庫和 Transformers 函數庫，可以在命令列中使用以下命令對其進行安裝：

```
Plaintext
pip install torch
pip install transformers
```

### 2．下載 Llama 2 大型模型

可以從 Llama 2 的 GitHub 頁面中下載預訓練大型模型。在本範例中，我們將使用 Llama2-base 模型。

（1） Llama2-base 模型。

Llama2-base 模型有 7B、13B 和 70B 三種大小，如表 3-1 所示。

▼ 表 3-1　Llama2-base 模型

| 模 型 名 稱 | 模型載入名稱 |
|---|---|
| Llama2-7B | meta-llama/Llama-2-7b-hf |
| Llama2-13B | meta-llama/Llama-2-13b-hf |
| Llama2-70B | meta-llama/Llama-2-70b-hf |

（2） Llama2-Chat 模型。

Llama2-Chat 模型基於 Llama2-base 模型進行了監督微調，具有更強的對話能力。Llama2-Chat 模型也有 7B、13B 和 70B 三種大小，如表 3-2 所示。

▼ 表 3-2　Llama2-Chat 模型

| 模 型 名 稱 | 模型載入名稱 |
|---|---|
| Llama2-7B-Chat | meta-llama/Llama-2-7b-chat-hf |
| Llama2-13B-Chat | meta-llama/Llama-2-13b-chat-hf |
| Llama2-70B-Chat | meta-llama/Llama-2-70b-chat-hf |

以 Llama2-7B 模型為例，可以使用以下命令對其進行下載：

```
Plaintext
git lfs install
git clone https://huggingface.co/meta-llama/Llama2-7b-hf
```

### 3．載入 Llama 2 大型模型

在 Python 中載入 Llama 2 大型模型，需要使用 Transformers 函數庫中的 AutoModelForCausalLM 類別和 AutoTokenizer 類別載入 Llama 2 大型模型及詞表相關設定檔。可以使用以下命令載入 Llama 2 大型模型：

```
Plaintext
from transformers import AutoTokenizer, AutoModelForCausalLM
model_path = "meta-llama/Llama2-7b-chat-hf"
model =
AutoModelForCausalLM.from_pretrained(model_path,device_map='auto',
                                     torch_dtype=torch.float16,load_in_8bit=True)
tokenizer = AutoTokenizer.from_pretrained(model_path, use_fast=False)
```

在這裡，我們先指定了大型模型的名稱和路徑，然後使用 AutoTokenizer.from_pretrained() 方法載入預訓練的 tokenizer，並使用 AutoModelForCausalLM.from_pretrained() 方法載入預訓練大型模型。

至此，Llama 2 大型模型載入完成。

## 3.3 微調策略設計及模型重新訓練

微調策略設計及模型重新訓練是深度學習領域中的重要內容，對於提高模型性能、使模型適應新任務或資料分佈變化至關重要。本節以 Llama 2 大型模型為例，探討如何在上下文中進行微調策略設計及模型重新訓練。

## 3.3.1 微調策略設計

微調是指在預訓練模型的基礎上，使用少量的標注資料對模型進行進一步訓練，以使其適應特定任務。在微調過程中，需要設計合適的微調策略，以達到更好的微調效果。

### 1．全參數微調

全參數微調的優點是可以使模型更進一步地適應特定領域或任務，提高模型的泛化能力。由於微調了所有的參數，模型可以更進一步地適應新的資料分佈，因此提高了模型的性能。此外，全參數微調還可以避免欠擬合問題，因為在微調過程中，所有的參數都會被更新，而非只更新部分參數。

然而，全參數微調需要大量的運算資源和時間，因為需要更新所有的參數，這對運算資源有限的研究人員來說是一個很大的問題。此外，全參數微調還可能導致模型過擬合，因為在微調過程中，模型可能會過度擬合資料集，從而降低模型的泛化能力。因此，在實際應用中，需要根據具體情況選擇微調方法，權衡微調的效果與運算資源和時間成本。

### 2．參數高效微調

隨著模型參數量的不斷增加，進行全參數微調的成本不斷升高。這種高成本主要表現在對硬體資源的要求高、顯存佔用量大、訓練速度慢、耗時長及儲存成本高等方面。為了解決這些問題，參數高效微調（Parameter-Efficient Fine Tuning，PEFT）方法應運而生。與全參數微調不同，參數高效微調只訓練模型的一小部分參數，而非所有的參數。參數高效微調有以下幾個優點：對硬體資源的要求低，因為只訓練模型的一小部分參數，所以顯存佔用量小；訓練速度快，耗時短；儲存成本低，不同任務可以共用大部分權重參數；可能會有更高的模型性能，可以避免過擬合問題。

下面對幾種比較常見的參數高效微調方法介紹。

（1） Prefix-Tuning。

Prefix-Tuning 是一種用於自然語言生成任務的參數高效微調方法，它可以透過微調預訓練模型來生成具有特定首碼的文字。在 Prefix-Tuning 中，模型的輸入由兩部分組成：首碼和待生成的文字。首碼是指輸入文字的前幾個詞或字元，而待生成的文字則是指在首碼的基礎上，模型需要生成的文字。

Prefix-Tuning（論文 "Prefix-Tuning: Optimizing Continuous Prompts for Generation"）的主要思想是透過微調預訓練模型使其適應特定任務。在微調過程中，模型會學習如何根據給定的首碼生成合適的文字。在輸入 token 之前構造一段與任務相關的 virtual tokens 作為 Prefix。此外，在訓練時只更新 Prefix 部分的參數，而模型中其他部分的參數固定。

與其他的參數高效微調方法不同，Prefix-Tuning 不需要大量標注資料，因為它可以透過少量的首碼和待生成的文字來進行微調。微調（頂部）更新所有 Transformer 參數（粉紅色 Transformer 框），並且需要為每個任務儲存完整的模型副本。我們建議進行首碼調優（底部），它凍結 Transformer 參數，並且僅最佳化首碼（粉紅色 Prefix 區塊），如圖 3-1 所示。

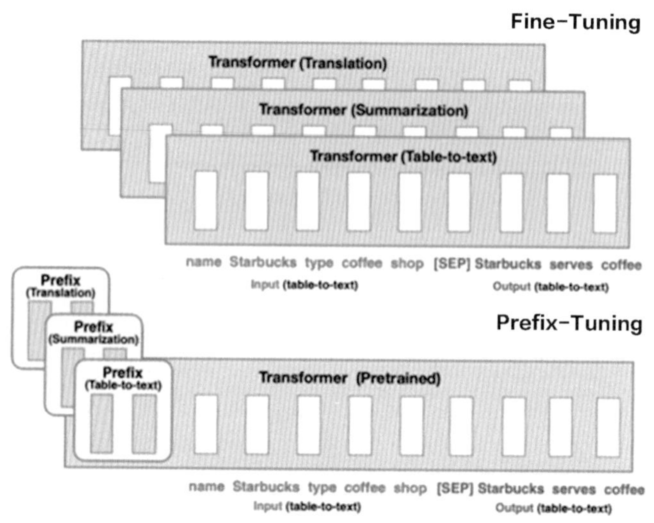


▲ 圖 3-1 Prefix-Tuning

從圖 3-1 中可以看到，Transformer 參數完全固定，我們只需要對 Prefix 部分進行訓練，對於不同的任務訓練不同的 Prefix，在實際使用時，挑選與任務相關的 Prefix 和 Transformer 進行組合。

（2） Adapter-Tuning。

Adapter-Tuning 是一種用於 NLP 任務的參數高效微調方法，它可以在不改變預訓練模型結構的情況下，透過微調轉接器來適應特定任務。轉接器是一種羽量級的神經網路模組，從圖 3-2 中可以看到，它可以在預訓練模型的中間層增加，用於處理特定任務的輸入和輸出。

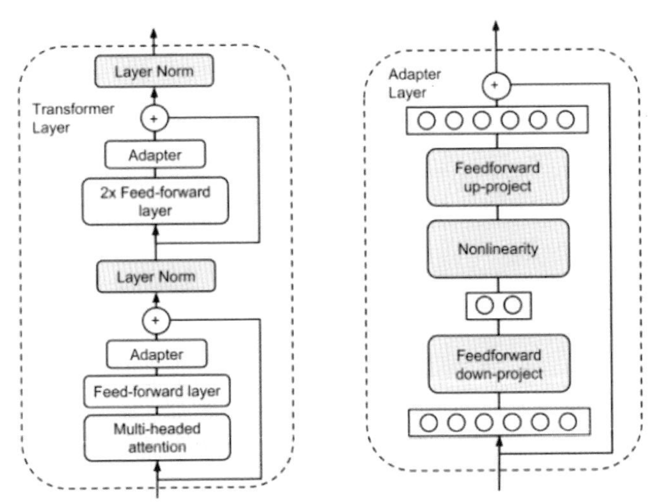


▲ 圖 3-2 Adapter-Tuning

在 Adapter-Tuning 中，轉接器被增加到預訓練模型的中間層，用於處理特定任務的輸入和輸出。轉接器的參數可以透過微調來進行最佳化，以適應新的資料分佈。與傳統的微調方法不同，Adapter-Tuning 只微調轉接器的參數，而非整個模型的參數。這種方法可以大大降低微調的計算成本、減少微調時間，同時可以保留預訓練模型的大部分參數，從而提高模型的泛化能力。

Adapter-Tuning 的優點是可以在不改變預訓練模型結構的情況下，快速適應特定任務。由於轉接器是羽量級的模組，因此可以在不佔用太多運算資源的情況下進行微調。此外，轉接器還可以在不同的任務之間實現共用，從而降低微調的計算成本、減少微調時間。

然而，Adapter-Tuning 也存在一些限制。首先，轉接器的性能取決於預訓練模型的品質和轉接器的設計。其次，轉接器只能處理特定任務的輸入和輸出，因此對於一些需要處理多個任務的場景，可能需要增加多個轉接器。最後，轉接器的性能可能會受到預訓練模型的限制，因此在一些複雜的任務中，可能需要使用更加複雜的微調方法。

（3） Prompt-Tuning。

大型模型的全參數微調需要為每個任務訓練一個模型，這樣的銷耗和部署成本都比較高。同時，離散的 Prompt 方法（人工設計 Prompt，並將其增加到模型中）成本也比較高，並且效果不太好。

為了解決這些問題，Prompt-Tuning 透過反向傳播更新參數來學習 Prompt，而非人工設計 Prompt。同時，該方法凍結模型原始權重，只訓練 Prompt 參數。訓練完成後，同一個模型就可以用於多個任務的推理，從而降低了成本和部署的複雜性。

Prompt-Tuning 可以看作 Prefix-Tuning 的簡化版本，它給每個任務定義了自己的 Prompt，並將其拼接到資料上作為輸入。與 Prefix-Tuning 不同的是，Prompt-Tuning 只在輸入層加入 prompt tokens，旨在透過增加範本的方法避免引入額外的參數，從而使模型可以在小樣本或零樣本場景下達到理想的效果。

同時，Prompt-Tuning 還提出了 Prompt Ensembling，即在一個批次（Batch）裡同時訓練同一個任務的不同 Prompt（採用多種方式詢問同一個問題）。

（4） P-Tuning v1。

對於某些任務而言，人工設計範本並不是一件容易的事情。不同的範本在不同的模型、資料和任務上的效果差別可能很大。在這種情況下，P-Tuning v1 重新檢查了關於範本的定義，放棄了「範本由自然語言組成」這一常規要求，從而將範本的建構問題轉為連續參數最佳化問題。這種方法雖然很簡單，但非常有效。

P-Tuning v1 將 Prompt 轉為可以學習的 Embedding 層，並用 MLP+LSTM 的方式對 Prompt Embedding 進行處理。與 Prefix-Tuning 相比，P-Tuning v1 加入了可微的 virtual tokens，但僅限於在輸入層加入，並沒有在每一層都加入。另外，virtual tokens 插入的位置也不一定是首碼，其插入的位置是可選的。這裡的出發點實際上是把傳統人工設計的範本中的真實 token 替換成可微的 virtual tokens。

（5） P-Tuning v2。

P-Tuning v1 存在一定的局限性。研究表明，當模型規模超過 100 億個參數時，P-Tuning v1 的表現可以與全參數微調相媲美，但對規模較小的模型，P-Tuning v1 的表現較差。P-Tuning v1 缺乏跨任務的通用性，其在序列標注任務中的有效性尚未得到驗證。序列標注任務需要預測一系列無實際意義的標籤，這對 P-Tuning v1 來說具有挑戰性。當模型層數較多時，P-Tuning v1 微調過程中模型的穩定性難以保證。此外，模型層數越多，第一層輸入的 Prompt 對後續層的影響越難以預估。

P-Tuning v2 是 P-Tuning v1 的改進版本，同時參考了 Prefix-Tuning。與 P-Tuning v1 相比，P-Tuning v2 將 P-Tuning v1 中原本只加在輸入層的、可微的 virtual tokens 以首碼的形式增加到每一層 Transformer 的輸入中，層與層之間相互獨立；在 Prefix 部分，每一層 Transformer 的輸入都需要被微調，每一層 Transformer 的輸入不是上一層的輸出，而是隨機初始化的 Embedding。

在這種情況下，可以將原本 P-Tuning v1 中的語義標籤（只能用於文字分類任務和問答任務）替換為傳統微調方法使用的下游分類器，以便在機器閱讀理解、命名實體辨識和語義角色標注等更具有挑戰性的序列標注任務上達到更好的效果。

（6） LoRA。

隨著規模的增大，模型會展現出各種能力。特別是對於大型模型而言，隨著規模的增大，其在零樣本學習、常識推理等方面的能力會大幅提高。然而，與規模較小的模型相比，大型模型的微調和部署成本都非常高。此外，如果需要針對不同的下游任務微調多個模型，就需要為每個下游任務儲存一份模型權重，成本非常高。

在這個背景下，LoRA（論文 "LoRA: Low-Rank Adaptation of Large Language Models"）的核心思想是透過低秩分解來模擬參數的改變量，從而以極小的參數量來實現大型模型的間接訓練。

LoRA 的思想很簡單，即在原始預訓練模型旁邊增加一個旁路，執行一個降維再升維的操作，來模擬所謂的 intrinsic rank；訓練時固定原始預訓練模型的參數，只訓練降維矩陣 $\boldsymbol{A}$ 與升維矩陣 $\boldsymbol{B}$，而模型的輸入、輸出維度不變，輸出時將 $\boldsymbol{BA}$ 與預訓練模型的參數疊加；用隨機高斯分佈初始化 $\boldsymbol{A}$，用 **0** 矩陣初始化 $\boldsymbol{B}$，保證訓練開始時此旁路矩陣依然是 **0** 矩陣，如圖 3-3 所示。其中，h 通常表示「隱藏層」或「隱藏狀態」，常出現在深度學習模型中；$\boldsymbol{x}$ 通常表示輸入資料或特徵向量；$d$ 表示向量或矩陣的維度；$r$ 表示 LoRA 層參數。

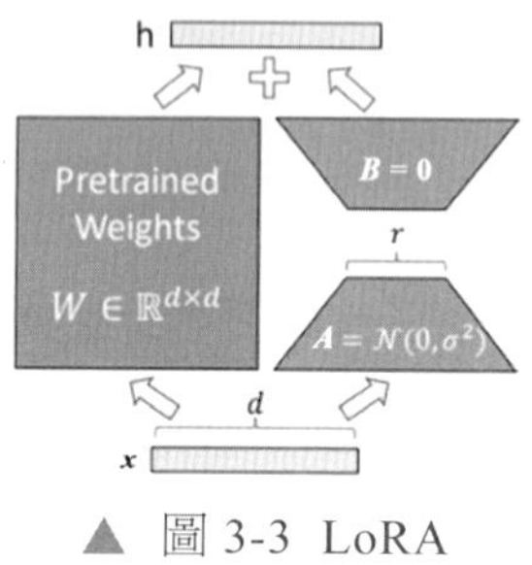


▲ 圖 3-3 LoRA

## 3.3.2 模型參數高效微調

目前，針對大型模型，主流的微調方法是 P-Tuning 和 LoRA，故本節只對 P-Tuning v1、P-Tuning v2 和 LoRA 的模型進行詳細的介紹。

### 1．P-Tuning v1

可以參考以下 P-Tuning v1 的核心程式進行微調：

```
Plaintext
from peft import (
```

```
    get_peft_config,
    get_peft_model,
    get_peft_model_state_dict,
    set_peft_model_state_dict,
    PeftType,
    TaskType,
    PromptEncoderConfig,
)
# 建立一個 PromptEncoderConfig 物件，指定任務類型為 CAUSAL_LM，虛擬詞元數量為
20，編碼器隱藏層數量為 128
peft_config = PromptEncoderConfig(task_type=TaskType.CAUSAL_LM,
num_virtual_tokens=20, encoder_hidden_size=128)
```

這一步實現了匯入相關環境和建立 P-Tuning v1 對應的設定。

```
Plaintext
# 從預訓練模型路徑載入 CausalLM 模型
model = AutoModelForCausalLM.from_pretrained(model_name_or_path)
# 將載入的模型轉為 PEFT 模型，使用指定的 PromptEncoderConfig
model = get_peft_model(model, peft_config)
# 列印 PEFT 模型中可訓練參數的數量和名稱
model.print_trainable_parameters()
```

這一步實現了載入模型和透過呼叫 get_peft_model() 包裝載入的模型。

## 2．P-Tuning v2

可以參考以下 P-Tuning v2 的核心程式進行微調：

```
Plaintext
from peft import get_peft_config, get_peft_model,
PrefixTuningConfig, TaskType, PeftType
# 建立一個 PrefixTuningConfig 物件，指定任務類型為 CAUSAL_LM，虛擬詞元數量為 30
peft_config = PrefixTuningConfig(task_type=TaskType.CAUSAL_LM, num_virtual_tokens=30)
```

這一步實現了匯入相關環境和建立 P-Tuning v2 對應的設定。其中，PrefixTuningConfig 中 prefix_projection 參數預設值為 false，表示使用 P-Tuning v2，如果該參數值為 true，則表示使用 Prefix-Tuning。

```
Plaintext
# 載入模型，透過呼叫 get_peft_model() 包裝載入的模型
model = AutoModelForCausalLM.from_pretrained(model_name_or_path)
model = get_peft_model(model, peft_config)
model.print_trainable_parameters()
```

### 3．LoRA

可以參考以下 LoRA 的核心程式進行微調：

```
Plaintext
from peft import get_peft_config, get_peft_model,
get_peft_model_state_dict, LoraConfig, TaskType
peft_config = LoraConfig(
    task_type=TaskType.CAUSAL_LM,
    inference_mode=False,
    lora_r=8,
    lora_alpha=32,
    lora_dropout=0.1
    target_modules=[q_proj,k_proj,v_proj,o_proj]
)
```

上述程式表示匯入相關的函數庫和建立 LoRA 對應的設定。其中相關參數的說明如下。

（1） task_type：指定任務類型。

（2） inference_mode：是否在推理模式下使用 PEFT 模型。

（3） lora_r：LoRA 低秩矩陣的維數，一般使用 8、16、32。

（4） lora_alpha：LoRA 低秩矩陣的縮放係數，是一個超參數，一般使用 16、32。

（5） lora_dropout：LoRA 層的丟棄率，設定值範圍為 [0, 1)。

（6） target_modules：要替換為 LoRA 的模組名稱清單或模組名稱的正規表示法。針對不同類型的模型，模組名稱不一樣，因此需要根據具體的

模型進行模組名稱設定。舉例來說，Llama 2 大型模型的預設模組名稱為 [q_proj, v_proj]，我們也可以自行指定為 [q_proj,k_proj,v_proj,o_proj]。

```
Plaintext
# 載入模型，透過呼叫 get_peft_model() 包裝載入的模型
model = AutoModelForCausalLM.from_pretrained(model_name_or_path)
model = get_peft_model(model, peft_config)
model.print_trainable_parameters()
```

目前，這三種微調方法評測效果最好的是 LoRA。

當預訓練模型的參數很少時，P-Tuning v1 的效果很差，只有當參數達到 100 億個時，它才勉強達到 Fine-Tuning 的效果。而 P-Tuning v2 雖然在一些任務上可以達到與 Fine-Tuning 一樣甚至更好的效果，但災難性遺忘的情況比較嚴重。

## 3.4 模型評估、測試和模型最佳化

模型評估、測試和模型最佳化是深度學習中至關重要的步驟，可以幫助我們了解模型的性能、發現問題並不斷提高模型的品質。本節以 Llama 2 大型模型為例，深入探討這兩個關鍵步驟。

### 3.4.1 模型評估、測試

模型評估、測試是開發大型模型的關鍵步驟，用於評估大型模型的性能並確保其在特定任務中的有效性和準確性。

在模型評估、測試過程中，我們透過將大型模型的輸出與參考標準或基準資料集進行比較，來評估其品質和準確性。模型評估、測試的具體指標取決於模型設計的特定任務。

模型評估、測試的目的是確保大型模型在實際應用中的有效性。透過評估、測試模型的性能，我們可以辨識和解決模型中的問題，並進行必要的調整和改進，以提高模型的性能和泛化能力。總之，模型評估、測試是開發大型模型不可或缺的步驟，透過比較模型的輸出與參考標準來評估模型的品質，並使用適當的指標來衡量模型的性能。這些步驟可以幫助我們改進和最佳化模型，以確保其在特定任務中的有效性和準確性。

對於語言建模任務，困惑度是常用的評估模型品質的指標。此外，我們還可以從不同任務場景的角度來評估微調後模型的性能，以下角度可以作為參考。

（1） 基礎能力：如給定一個話題、一個寫作任務，要求據此創作一段文字，根據模型生成的結果（內容是否豐富、用詞是否恰當、敘述是否通順等）來評估微調後模型的性能。

（2） 語義理解與取出：如讓模型從一篇文章、一段話中取出出指定的知識（出現的人物、地點和事件等）。

（3） 邏輯推理：如向模型提一個比較簡單的邏輯推理問題，觀察模型是否能舉出正確的答案。

（4） 程式生成：如讓模型寫一個快速排序等簡單演算法的程式。

（5） 數學計算：如加、減、乘、除的計算測試。

模型評估、測試是驗證大型模型在未參與訓練或驗證的新獨立資料集上的表現的過程。透過模型測試，我們可以評估模型的性能，並確定其在實際應用場景中解決目標任務的有效性和準確性。

為了確保模型能夠處理各種輸入變化並在未知資料上表現良好，使用多樣性和有代表性的測試集非常重要。測試集應該包含各種不同類型的樣本，涵蓋模型可能會遇到的各種情況和場景（可以參考開放原始碼的 BLUB 項目中的測試集，包含通用知識、語言理解、創作能力、邏輯推理、程式設計、工作技能、使用工具、人格特徵這八個大類別，其中每個大類別下又分別包含很多小類別）。

這樣可以更全面地評估模型的性能，並發現模型在特定領域或特定類型的輸入上的潛在問題。

為了有效評估、測試模型，可以採取以下評估、測試策略，以便進行準確和全面的模型評估、測試。

（1） 資料集劃分：將資料集劃分為訓練集、驗證集和測試集。訓練集用於進行模型訓練，驗證集用於調整模型的參數和結構，測試集用於最終評估模型的性能。要確保資料集的劃分是隨機且有代表性的，以避免樣本偏差對評估結果產生影響。

（2） 評估指標：選擇適當的評估指標來評估模型的性能。根據任務的特點，可以使用準確率、精確率、召回率、F1 值等指標來評估模型的性能。此外，還可以考慮其他領域特定的指標，以便更進一步地評估模型在實際應用中的效果。

（3） 多次測試：進行多次測試以獲取更可靠的結果。在每次測試時，可以隨機選擇不同的樣本或使用交叉驗證方法來獲得更全面的評估結果。進行多次測試可以減小隨機性對評估結果的影響，並獲得更穩定的評估指標。

（4） 模型調整：根據測試結果調整模型的參數和結構。透過分析測試結果，可以發現模型的弱點和改進空間，並進行相應的調整和最佳化。可以嘗試採用不同的超參數設定、模型結構變化或正則化技術，以提高模型的性能和泛化能力。

### 3.4.2 模型最佳化

針對模型評估、測試中出現的問題，可以採取一些有針對性的方法。舉例來說，當模型生成的文字不遵循原文（Faithfulness）或不符合事實（Factualness）時，我們可以認為模型出現了幻覺。模型出現幻覺的原因可能是多方面的。

在訓練資料層面上，在訓練資料收集過程中可能會收集到虛假資訊，從而導致模型記憶了錯誤的知識，過多的重複資訊也可能導致模型的知識記憶出現 bias，從而出現幻覺。即使有高品質的訓練資料，模型仍然可能出現幻覺。

在模型層面上，有研究表明，解碼演算法如果使用不確定性較高的採樣演算法（如 top-p），則會誘導模型出現嚴重的幻覺。甚至可以故意在解碼演算法中加入一些隨機性，進一步讓模型「胡編亂造」。參數知識的問題也會導致模型在預訓練階段記憶錯誤的知識，從而出現嚴重的幻覺。

為了減輕模型的幻覺，可以從以下幾個方面入手。在訓練資料層面上，可以人工標注一批高品質的訓練資料，並剔除可能導致出現幻覺的訓練資料。在評估、測試資料上，可以建構細粒度的幻覺評估 Benchmark，用於分析幻覺的嚴重程度和原因。在模型層面上，可以嘗試進行強化學習（如 RLHF），將減輕幻覺的指標作為強化學習的 Reward 函數，從而減輕模型的幻覺。可以在解碼時減小模型的生成隨機性，進行多工學習，透過設計合適的額外任務，達到減輕模型幻覺的效果。在後處理方面，可以設計一個小模型專門用於修復幻覺錯誤。

## 3.5 模型儲存、模型部署和推理加速

模型儲存、模型部署和推理加速是將深度學習模型（如 Llama 2）投入實際應用的關鍵步驟。在這個主題下，本節將探討如何有效地儲存微調後的 Llama 2 大型模型並將其部署到實際應用中，以及推理加速的相關內容。

### 3.5.1 模型儲存

對於用 LoRA 微調訓練後的模型，可以參考下面的程式儲存：

```
Plaintext
peft_model_id =
f"{model_name_or_path}_{peft_config.peft_type}_{peft_config.task_type}"
model.save_pretrained(peft_model_id)
```

呼叫 save_pretrained() 函數儲存模型，儲存後的結果如下：

```
Plaintext
├── [ 451]  adapter_config.json
├── [ 81K]  adapter_model.bin
└── [ 129]  README.md
```

這裡只儲存經過訓練的增量模型權重。其中，adapter_config.json 為 LoRA 設定檔；adapter_model.bin 為 LoRA 權重檔案。

如果想要得到完整的模型檔案，則需要將用 LoRA 微調訓練後的增量模型權重和 Llama2-base 模型進行合併。

## 3.5.2 模型部署

### 1．命令列原生 Transformers 推理介面

本節提供了命令列的方式，使用原生 Transformers 推理介面進行推理。下面以載入 Llama2-7B-Chat 模型為例說明啟動方式：

```
Plaintext
import torch
from transformers import AutoTokenizer, AutoModelForCausalLM
# 從預訓練模型路徑載入 CausalLM 模型，並設定裝置映射、張量資料型態和使用 8 位元載入模型
model = AutoModelForCausalLM.from_pretrained('meta-llama/Llama2-7b-
chat-hf',device_map='auto',torch_dtype=torch.float16,load_in_8bit=
True)
# 將模型設定為評估模式
model =model.eval()
# 從預訓練模型路徑載入分詞器，並禁用快速分詞模式
tokenizer = AutoTokenizer.from_pretrained('meta-llama/Llama2-7b-
chat-hf',use_fast=False)
# 將分詞器的 pad_token 設定為 eos_token
tokenizer.pad_token = tokenizer.eos_token
input_text = '介紹一下中國'
# 將輸入文字轉為模型輸入張量，並增加特殊詞元，將張量移動到 GPU 上
```

```
input_ids = tokenizer(['<s>Human: input_text\n</s><s>Assistant: '],
return_tensors="pt",add_special_tokens=False).input_ids.to('cuda')
# 定義生成文字的參數
generate_input = {
    "input_ids":input_ids,
    "max_new_tokens":512,
    "do_sample":True,
    "top_k":50,
    "top_p":0.95,
    "temperature":0.3,
    "repetition_penalty":1.3,
    "eos_token_id":tokenizer.eos_token_id,
    "bos_token_id":tokenizer.bos_token_id,
    "pad_token_id":tokenizer.pad_token_id
}
# 使用模型生成文字
generate_ids  = model.generate(**generate_input)
# 將生成的文字張量解碼為文字字串
text = tokenizer.decode(generate_ids[0])
print(text)
```

首先，匯入 PyTorch 函數庫和 Transformers 函數庫，使用 AutoModelForCausalLM.from_pretrained() 方法載入預訓練的 Llama 2 大型模型，使用 model.eval() 方法將模型設定為評估模式，使用 AutoTokenizer.from_pretrained() 方法載入預訓練的 tokenizer，並將分詞器的 pad_token 設定為 eos_token。

其次，指定輸入文字 input_text，使用 tokenizer() 方法將輸入文字編碼為 input_ids，使用 "Human:""Assistant:" 將輸入文字包裝在 Human 和 Assistant 的對話中。

再次，使用 model.generate() 方法生成聊天回覆，將 input_ids 作為輸入，並指定一些生成參數，如 max_new_tokens、do_sample、top_k、top_p、temperature、repetition_penalty、eos_token_id、bos_token_id 和 pad_token_id。

最後，使用 tokenizer.decode() 方法將生成的文字張量解碼為文字字串，並將其列印到主控台。

這段程式使用了 Llama 2 大型模型進行聊天，可以根據需要進行修改和擴充。

## 2．基於 Gradio 架設問答平臺

Gradio 是一個開放原始碼的 Python 函數庫，用於建構互動式的機器學習介面，讓使用者可以輕鬆地與訓練好的機器學習模型進行互動。Gradio 的目標是讓機器學習模型更容易部署和共用，而不需要進行深度程式設計。

Gradio 的主要特點和用途如下。

（1） 互動式介面建構：Gradio 允許使用者使用簡單的 Python 程式建構具有使用者介面的機器學習模型，可以建立文字標籤、影像上傳框、滑動桿等元素，讓使用者與機器學習模型進行互動。

（2） 快速部署：使用 Gradio 可以快速將機器學習模型部署為 Web 應用，而不需要深度的 Web 開發知識。這使得機器學習模型的展示和共用變得非常容易。

（3） 多種輸入、輸出類型支援：Gradio 支援多種輸入資料型態，包括文字、影像、音訊等，還可以輸出不同類型的結果，如文字、影像等。

（4） 支持多種機器學習框架：Gradio 可以與多種常見的機器學習框架（如 TensorFlow、PyTorch、scikit-learn 等）無縫整合，因此使用者可以使用自己最熟悉的框架來建構模型。

（5） 適用於教育和研究：Gradio 不僅適用於將模型部署為應用程式，還適用於教育和研究。使用者可以使用 Gradio 建構互動式的演示，以幫助學生或同事理解機器學習模型的工作原理。

總之，Gradio 是一個強大的工具，用於建構互動式的機器學習介面，讓使用者更容易與機器學習模型進行互動。基於 Gradio 架設的問答平臺實現了流式的輸出，將下面的程式複製到主控台運行（以下程式以 Llama2-7B-Chat 模型為例，不同模型只需修改一下程式裡的模型名稱）：

```
Plaintext
python examples/chat_gradio.py --model_name_or_path meta-llama/
Llama2-7b-chat
```

```
Plaintext
import gradio as gr
import time
from transformers import AutoTokenizer, AutoModelForCausalLM,TextIteratorStreamer
from threading import Thread
import torch,sys,os
import json
import pandas
import argparse

with gr.Blocks() as demo:
    gr.Markdown("""<h1><center> 智慧幫手 </center></h1>""")
    chatbot = gr.Chatbot()
    msg = gr.Textbox()
    state = gr.State()
    with gr.Row():
        clear = gr.Button(" 新話題 ")
        re_generate = gr.Button(" 重新回答 ")
        sent_bt = gr.Button(" 發送 ")
    with gr.Accordion(" 生成參數 ", open=False):
        slider_temp = gr.Slider(minimum=0, maximum=1,
label="temperature", value=0.3)
        slider_top_p = gr.Slider(minimum=0.5, maximum=1,
label="top_p", value=0.95)

        slider_context_times = gr.Slider(minimum=0, maximum=5,
label=" 上文輪次 ", value=0,step=2.0)

    # 定義使用者輸入的回呼函數
    def user(user_message, history):return "", history + [[user_message, None]]

    # 如果上一筆歷史記錄的回答不為空，則將其設定為空
    def bot(history,temperature,top_p,slider_context_times):if
pandas.isnull(history[-1][1])==False:
```

```
            history[-1][1] = Noneyield history
        slider_context_times = int(slider_context_times)
        history_true = history[1:-1]
        prompt = ''# 構造生成文字的 prompt
    if slider_context_times>0:
            prompt += '\n'.join([("<s>Human: "+one_chat[0].replace
('<br>','\n')+'\n</s>' if one_chat[0] else '')  +"<s>Assistant:
"+one_chat[1].replace('<br>','\n')+'\n</s>'    for one_chat in
history_true[-slider_context_times:] ])
        prompt +=  "<s>Human: "+history[-1][0].replace('<br>','\n')+
"\n</s><s>Assistant:"
        # 將 prompt 轉為模型輸入張量，並增加特殊詞元，將張量移動到 GPU 上
        input_ids = tokenizer([prompt], return_tensors="pt",add_
special_tokens=False).input_ids[:,-512:].to('cuda')

        # 定義生成文字的參數
        generate_input = {
            "input_ids":input_ids,
            "max_new_tokens":512,
            "do_sample":True,
            "top_k":50,
            "top_p":top_p,
            "temperature":temperature,
            "repetition_penalty":1.3,
            "streamer":streamer,
            "eos_token_id":tokenizer.eos_token_id,
            "bos_token_id":tokenizer.bos_token_id,
            "pad_token_id":tokenizer.pad_token_id
        }

        # 建立執行緒，使用模型生成文字
        thread = Thread(target=model.generate, kwargs=generate_
input)
        thread.start()
        start_time = time.time()
        bot_message =''
        print('Human:',history[-1][0])
        print('Assistant: ',end='',flush=True)
```

```
        # 以文字流的形式生成文字
        for new_text in streamer:
            print(new_text,end='',flush=True)
            if len(new_text)==0:
                continueif new_text!='</s>':
                bot_message+=new_text
            if 'Human:' in bot_message:
                bot_message = bot_message.split('Human:')[0]
            history[-1][1] = bot_message
            yield history
        end_time =time.time()
        print()
        print('生成耗時：',end_time-start_time,'文字長度：
',len(bot_message),'字耗時：',(end_time-start_time)/len(bot_message))

    msg.submit(user, [msg, chatbot], [msg, chatbot],
queue=False).then(
        bot,
[chatbot,slider_temp,slider_top_p,slider_context_times], chatbot
    )
    sent_bt.click(user, [msg, chatbot], [msg, chatbot],
queue=False).then(
        bot,
[chatbot,slider_temp,slider_top_p,slider_context_times], chatbot
    )
    re_generate.click( bot,
[chatbot,slider_temp,slider_top_p,slider_context_times], chatbot )
    clear.click(lambda: [], None, chatbot, queue=False)

if __name__ == "__main__":
    parser = argparse.ArgumentParser()
    parser.add_argument("--model_name_or_path", type=str, help='mode
name or path')
    parser.add_argument("--is_4bit", action='store_true', help='use
4bit model')
    args = parser.parse_args()
```

```
    # 從預訓練模型路徑載入分詞器，並禁用快速分詞模式，將 pad_token 設定為
eos_token
    tokenizer = AutoTokenizer.from_pretrained(args.model_name_or_
path,use_fast=False)
    tokenizer.pad_token = tokenizer.eos_token

    # 如果不使用 4 位元模型，則從預訓練模型路徑載入 AutoGPTQForCausalLM 模型，並
設定裝置映射、張量資料型態和使用 8 位元載入模型。如果使用 4 位元模型，則從預訓練模型路
徑載入 AutoGPTQForCausalLM 模型
    if args.is_4bit==False:
        model = AutoModelForCausalLM.from_pretrained(args.model_
name_or_path,device_map='auto',torch_dtype=torch.float16,load_in_
8bit=True)
        model.eval()
    else:
        from auto_gptq import AutoGPTQForCausalLM
        model = AutoGPTQForCausalLM.from_quantized(args.model_name_
or_path,
low_cpu_mem_usage=True, device="cuda:0",
use_triton=False,inject_fused_
attention=False,inject_fused_mlp=False)

    # 建立文字流
    streamer = TextIteratorStreamer(tokenizer,skip_prompt=True)
    if torch.__version__ >= "2" and sys.platform != "win32":
        model = torch.compile(model)

    # 啟動 Gradio 應用程式
    demo.queue().launch(share=False,
debug=True,server_name="0.0.0.0")
```

## 3．基於 Docker 部署問答介面

部署問答介面只需在 Docker 環境中執行 chat_gradio.py 程式，系統需要準備的環境為 docker:24.0.2。

第一步，準備 Docker 鏡像：

```
Plaintext
git clone https://github.com/FlagAlpha/Llama2-Chinese.git

cd Llama2-Chinese

sudo docker build -f docker/Dockerfile  -t FlagAlpha/llama2-chinese-
7b:gradio .
```

第二步，透過 docker-compose 啟動 chat_gradio：

```
Plaintext
cd Llama2-Chinese/docker
docker-compose up -d --build
```

## 3.5.3 推理加速

我們在討論推理加速時，實際上是在討論如何讓電腦更快地理解和處理自然語言（如文字）。這對於很多應用都非常重要，如智慧幫手、自動翻譯、搜尋引擎等。

推理是一個電腦模型根據已有的知識和資料做出決策或回答問題的過程。有時這個過程非常耗時，如在處理大量的文字或複雜的模型時。

推理加速的目的就是儘量減少電腦進行推理所需的時間，使其更快地做出決策或回答問題。這對於提升使用者體驗和快速處理大量資料非常重要。

前文提到的一些方法和工具可以幫助電腦實現推理加速。透過使用一些技巧，如使用更快的計算方式、更高效率地儲存資料、並行處理等，可提高推理速度。

簡而言之，就像把一本厚重的書變成電子書，讓你可以更快地查詢資訊，或讓你的智慧型手機更快地回答你的問題。總之，推理加速就是為了讓電腦更聰明，從而更快地理解和處理人們的需求。

vllm 同樣是 GPU 推理的方案。相較於 FasterTrainsformer，vllm 更加簡單好用。vllm 的特點如下。

(1) 簡單好用：與其他推理框架（如 FasterTrainsformer）相比，vllm 更加簡單好用，不需要額外的模型轉換，使模型部署和使用變得非常方便。這對模型開發人員和研究人員來說，節省了寶貴的時間和資源。

(2) 支持 fp16 推理：vllm 支援 fp16（半精度浮點數）推理，這可以顯著地提高推理速度，同時減少 GPU 記憶體的使用。這對於大型模型和大型態資料集的處理非常有益。

(3) 推理速度快：vllm 的推理速度非常快，這得益於其高效的實現和最佳化。這表示在實際應用中，vllm 可以在短時間內處理大量的 NLP 任務，從而提高系統的回應速度。

(4) 高效的 kv 快取機制：vllm 使用了高效的 kv（鍵值）快取機制，可以加速模型的推理。這種快取機制有效地減少了計算時間，特別是對於需要多次查詢相同的 kv 的任務而言非常高效。

(5) 連續的批次處理請求推理：vllm 支持連續的批次處理請求推理。這表示可以一次性處理多個輸入，進一步提高了系統的輸送量。這在即時應用（如聊天機器人或線上翻譯系統）中尤其有用。

(6) 最佳化的 cuda 運算元：vllm 使用了最佳化的 cuda 運算元，以充分利用 GPU 的性能。這些運算元經過精心設計，可以確保推理過程的高效性和穩定性。

(7) 支援分散式推理：vllm 支援分散式推理。這表示可以在多個 GPU 或多台機器上同時進行推理，以應對大規模任務和高併發需求。這種可擴充性使得 vllm 成為處理大型態資料集和複雜應用的理想選擇。

第一步，安裝 vllm。

```
Plaintext
git clone https://github.com/vllm-project/vllm
cd vllm && python setup.py install
```

第二步，啟動測試 server。

（1） 單卡推理。

```
Plaintext
bash single_gpus_api_server.sh
```

single_gpus_api_server.sh 如下：

```
Plaintext
CUDA_VISIBLE_DEVICES=0 python api_server.py \
--model "/mnt/data_online/models/llama/models--meta-llama--Llama2-
7b-chat-hf" \
--port 8090
```

（2） 多卡推理。

```
Plaintext
# multi_gpus_api_server.sh 裡面的 CUDA_VISIBLE_DEVICES 指定了要使用的 GPU 卡
# tensor-parallel-size 指定了 GPU 卡的個數
bash multi_gpus_api_server.sh
```

multi_gpus_api_server.sh 如下：

```
Plaintext
CUDA_VISIBLE_DEVICES=0 python api_server.py \
--model "/mnt/data_online/models/llama/models--meta-llama--Llama2-
7b-chat-hf" \
--port 8090
```

其中，啟動模型 API 服務的介面參考程式 api_server.py 如下：

```
Plaintext
import argparse
import json
from typing import AsyncGenerator

from fastapi import BackgroundTasks, FastAPI, Request
from fastapi.responses import JSONResponse, Response,
StreamingResponse
import uvicorn

from vllm.engine.arg_utils import AsyncEngineArgs
from vllm.engine.async_llm_engine import AsyncLLMEngine
from vllm.sampling_params import SamplingParams
from vllm.utils import random_uuid

# 匯入所需的函數庫和類別，並建立 FastAPI
TIMEOUT_KEEP_ALIVE = 5  # seconds.
TIMEOUT_TO_PREVENT_DEADLOCK = 1  # seconds.
app = FastAPI()

# 定義生成文字的介面，使用裝飾器 @app.post 將其綁定到 HTTP POST 請求上
# 介面接收一個 JSON 物件作為請求本體，包含以下欄位
# prompt：生成文字的提示
# stream：是否流式傳輸結果
# 從請求本體中獲取這些欄位，並使用它們呼叫 engine.generate() 方法生成文字
@app.post("/generate")
async def generate(request: Request) -> Response:
    """Generate completion for the request.

    The request should be a JSON object with the following fields:
    - prompt: the prompt to use for the generation.
    - stream: whether to stream the results or not.
    - other fields: the sampling parameters (See `SamplingParams`
for details).
    """
    request_dict = await request.json()
    prompt = request_dict.pop("prompt")
```

```
    stream = request_dict.pop("stream", False)
    sampling_params = SamplingParams(**request_dict)
    request_id = random_uuid()
    results_generator = engine.generate(prompt, sampling_params,
request_id)

    # Streaming case
    # 如果 stream 為 True，則使用非同步生成器 stream_results() 流式傳輸結果。在
每次生成文字時，先將生成的文字增加到 text_outputs 列表中，並將其作為 JSON 物件返
回。然後使用 yield 將 JSON 物件編碼為位元組流，並在每個 JSON 物件之間增加空字元
'\0'。如果使用者端斷開連接，則呼叫 abort_request() 方法中止請求
    async def stream_results() -> AsyncGenerator[bytes, None]:
        async for request_output in results_generator:
            prompt = request_output.prompt
            text_outputs = [
                prompt + output.text for output in
request_output.outputs
            ]
            ret = {"text": text_outputs}
            yield (json.dumps(ret) + "\0").encode("utf-8")

    async def abort_request() -> None:
        await engine.abort(request_id)

    if stream:
        background_tasks = BackgroundTasks()
        # Abort the request if the client disconnects.
        background_tasks.add_task(abort_request)
        return StreamingResponse(stream_results(),
background=background_tasks)

    # Non-streaming case
    # 如果 stream 為 False，則使用 for 迴圈遍歷生成的文字，並將其增加到 text_
outputs 列表中。如果使用者端斷開連接，則呼叫 abort_request() 方法中止請求。最後將
text_outputs 列表作為 JSON 物件返回
    final_output = None
    async for request_output in results_generator:
        if await request.is_disconnected():
```

```
            # Abort the request if the client disconnects.
            await engine.abort(request_id)
            return Response(status_code=499)
        final_output = request_output

    assert final_output is not None
    prompt = final_output.prompt
    text_outputs = [prompt + output.text for output in
final_output.outputs]
    ret = {"text": text_outputs}
    return JSONResponse(ret)


if __name__ == "__main__":
    # 解析命令列參數，建立 AsyncLLMEngine 物件，並使用 uvicorn 啟動 FastAPI
    parser = argparse.ArgumentParser()
    parser.add_argument("--host", type=str, default="0.0.0.0")
    parser.add_argument("--port", type=int, default=8090)
    parser = AsyncEngineArgs.add_cli_args(parser)
    args = parser.parse_args()

    engine_args = AsyncEngineArgs.from_cli_args(args)
    engine = AsyncLLMEngine.from_engine_args(engine_args)

    uvicorn.run(app,
                host=args.host,
                port=args.port,
                log_level="debug",
                timeout_keep_alive=TIMEOUT_KEEP_ALIVE)
```

等待 API 服務啟動之後，就可以進行推理測試，推理參考指令稿如下：

```
Plaintext
# coding=utf-8import json
import time

import urllib.request
```

```
import sys

# 定義一個函數 gen_prompt()，用於生成輸入文字的提示。將輸入文字包裝在 "<s>Human:
" 和 "\n</s><s>Assistant: " 之間
def gen_prompt(input_text):
    prompt =  "<s>Human: "+input_text+"\n</s><s>Assistant: "return
prompt

# 定義一個函數 test_api_server()，用於向 API 伺服器發送請求並獲取生成的文字
def test_api_server(input_text):
    # 首先設定請求標頭的 Content-Type 為 application/json。其次使用 gen_
prompt() 函數生成輸入文字的提示
    header = {'Content-Type': 'application/json'}
    prompt = gen_prompt(input_text.strip())

    # 構造請求的資料，包括 prompt 和其他採樣參數
    data = {
          "prompt": prompt,
          "stream" : False,
          "n" : 1,
          "best_of": 1,
          "presence_penalty": 0.0,
          "frequency_penalty": 0.2,
          "temperature": 0.3,
          "top_p" : 0.95,
          "top_k": 50,
          "use_beam_search": False,
          "stop": [],
          "ignore_eos" :False,
          "max_tokens": 2048,
          "logprobs": None
    }

    # 建立一個 urllib.request.Request 物件，指定請求的 URL、請求標頭和請求資
料。嘗試發送請求並獲取回應，將回應解碼為 json 格式，並列印請求資料和生成結果
    request = urllib.request.Request(
        url='http://127.0.0.1:8090/generate',
        headers=header,
```

```
        data=json.dumps(data).encode('utf-8')
    )

    result = Nonetry:
        response = urllib.request.urlopen(request, timeout=300)
        res = response.read().decode('utf-8')
        result = json.loads(res)
        print(json.dumps(data, ensure_ascii=False, indent=2))
        print(json.dumps(result, ensure_ascii=False, indent=2))

    except Exception as e:
        print(e)

    return result

if __name__ == "__main__":
    test_api_server(" 如何去北京 ?")
    test_api_server(" 肚子疼怎麼辦 ?")
    test_api_server(" 幫我寫一個請假單 ")
```

MEMO

# 4 解決 Llama 2 大型模型多輪對話難題

Llama 2 大型模型在多輪對話中面臨多個難題，包括但不限於上下文管理與資訊流失、保持一致性與邏輯連貫性、實現使用者個性化與上下文敏感性、提供高效率和低延遲的回應，以及確保輸出的安全性和可解釋性。這些難題涉及模型架構、資料策略、執行時期最佳化，是限制大型模型在複雜對話場景下應用的關鍵因素。

本章將深入探討 Llama 2 大型模型在多輪對話場景下面臨的一系列難題及其解決方案。從對話導向的多輪資料標注方法，到多輪歷史儲存的策略，再到利用先進對話技術提高模型的應對能力，以及如何進行模型評估和持續改進，本章旨在提供一個全面的指導框架，以幫助讀者更有效地提高 Llama 2 大型模型在複雜的多輪對話場景中的性能。

## 4.1 訂製多輪對話資料集和建構方法

本節提供了一套用於訂製多輪對話資料集的全面指導，包括明確對話場景和目標，選擇合適的資料來源，以及進行必要的資料標注。資料結構通常包括使用者輸入、系統回應和上下文資訊。在資料收集方面，可選用人工模擬、使用者研究和實際使用者日誌等方法。建構方法涵蓋範本生成、資料增強和負採樣等，資料前置處理包括文字清洗、分詞、詞性標注和向量化。此外，還要適當地將資料分為訓練集、驗證集和測試集，以進行模型訓練和性能評估。這個過程是可迭代的，需要根據模型性能和使用者回饋進行持續最佳化。

### 4.1.1 準備微調訓練資料的 7 個原則

進行模型微調，首先要準備微調訓練資料，通常要根據業務場景和目標來進行相關的資料準備（一般由場景需求方和模型訓練團隊共同準備）。根據經驗，準備微調訓練資料通常有以下 7 個原則。

#### 1．資料品質

原則：確保資料是準確的、清洗過的，並且沒有垃圾資料產生雜訊。

目的：高品質的資料是模型性能提高的基礎，資料品質對於模型的微調至關重要。因此，應該在準備微調訓練資料時仔細檢查並清洗資料，確保資料集中不包含無用的文字及其他雜訊。資料集中的每個資料樣本都應具有明確的實際意義，以便模型能夠較好地理解其含義。

#### 2．資料集規模

原則：資料集規模的大小也很重要，應該確保資料樣本充足，資料集中的文字數量應該在幾千到幾十萬之間。

目的：資料集規模大對於確保模型能夠準確地學習特定任務的格式和規律有很重要的意義。

### 3．資料多樣性

原則：資料應覆蓋多種場景、領域和使用者群眾。

目的：提高模型的泛化能力，一個具有高泛化能力的模型不僅在訓練資料上表現良好，而且能夠極佳地適應新的、未見過的資料。泛化能力高的模型能夠捕捉到資料的底層結構或規律，而非簡單地記憶訓練資料的特定樣本。資料多樣性對於提高模型的泛化能力有很大的幫助。在實際操作中，大量原始基礎資料要比蒸餾資料具有更強的多樣性。很多模型訓練團隊為了節省成本，採用 OpenAI 的 GPT-4 蒸餾資料作為訓練資料，其訓練的模型的泛化能力不如使用大量原始基礎資料作為訓練資料的場景需求方訓練的模型的泛化能力高。

### 4．資料平衡

原則：避免資料集中存在嚴重的類別不平衡或偏見。

目的：確保模型能夠平衡地處理不同類型的輸入。在實際操作中，如果基礎資料存在這種嚴重不平衡的情況，那麼透過上採樣或下採樣、權重調整、資料合成等方法來避免資料集中存在嚴重的類別不平衡或偏見對於提高模型的泛化能力和可靠性很重要。

### 5．時間和空間分佈

原則：確保資料能準確地反映真實世界的時間和空間分佈，重要的步驟包括跨多個時間段和地理位置收集資料、定期更新資料集、考慮特殊或突發事件的影響，以及使用多種資料來源和權重調整策略。

目的：使模型能夠適應實際應用場景、提高泛化能力。

### 6．資料安全性和符合規範性

原則：遵循資料安全性和符合規範性原則，遵守所在國家的法律。這些法律強調了只收集必要的個人資訊、獲得使用者明確同意、安全加密儲存，以及在跨境資料傳輸和使用者資訊查詢或刪除方面的嚴格規定，不遵守這些規定可能會導致嚴重違法。

目的：確保資料收集、使用符合法律和倫理規範，嚴格遵守這些法律不僅是資料安全性和符合規範性的要求，還是贏得使用者信任的關鍵。

### 7．相似性

原則：在準備微調訓練資料時，應注意確保資料之間是具有相互連結的，並且是易於泛化的。

目的：資料應該在特定的微調任務上具有代表性，但又不是簡單的重複。儘管有研究表明重復資料並不降低模型的品質，但是重復資料會增加額外的微調成本。

遵循這 7 個原則不僅能提高模型的性能和泛化能力，還能確保資料處理過程的符合規範性和可靠性。微調是一種非常實用的技術，但是準備微調訓練資料卻不是一件輕鬆的事情。

## 4.1.2 訂製微調訓練資料集

訂製微調訓練資料集通常是一個涉及多個步驟和考量因素的複雜過程，本節將從資料收集、微調訓練資料集格式、微調訓練資料集的基本處理，以及微調訓練資料集建構方法的探索這幾個角度出發，分析相關研究成果，旨在幫助讀者了解訂製微調訓練資料集相關技術的進展。

### 1．資料收集

選擇合適的資料來源非常關鍵，可以透過從相關領域中抓取或收集適當領域的資料來進行資料收集。如果要微調模型以處理特定任務，那麼微調訓練資料集中必須包括與該任務相關的文字。如果要構造常見的、具有情感回饋的微調訓練資料集，那麼微調訓練資料集中應包含正面和負面評價的文字。通常資料來源分為以下幾類。

公開資料集：使用現有的公開資料集中的資料。

自建資料集：透過爬蟲、問卷調查、自由資料庫等方式收集原始資料。

合成資料：使用模擬或合成方法生成資料。

蒸餾資料：使用 GPT-4 等大型模型自動生成資料。

## 2．微調訓練資料集格式

目前常見的微調訓練資料集格式包括以下幾種：指令跟隨格式、多輪對話格式和其他輔助格式。

（1） 指令跟隨格式。

指令跟隨格式是指使用者輸入指令，模型按照指令的要求輸出結果的格式。這種格式的微調訓練資料集通常採用 json 格式儲存，如 Alpaca-52k 資料集。Alpaca-52k 資料集是一個開放原始碼的、遵循指令的、最初用來微調 Llama 2 大型模型以得到 Alpaca-7B 大型模型的資料集，包含 52000 行指令資料。這裡的 52k 代表共有 52000 個指令對與輸出對。

Alpaca-7B 大型模型的格式有兩類，一類是 instruction/output 格式，舉例如下。

**#instruction**：什麼是三原色？

**#output**：三原色是紅、藍、黃。

這些顏色被稱為原色，因為它們不能透過混合其他顏色得到，而所有其他顏色都可以透過以不同比例組合原色來合成。在用於實現光的合成的色彩系統中，原色是紅、綠、藍（RGB）。

另一類是 instruction/input/output 格式，舉例如下。

**#instruction**：檢查這個句子的拼寫和語法錯誤。

**#input**：他離開了吃完飯餐廳。

**#output**：這句話中有兩個拼寫錯誤。正確的句子應該是：他吃完飯離開了餐廳。

然而，由於利用生成 Alpaca 資料集的 Self-Instruct 技術得到的資料集本身存在一些瑕疵，因此資料集需要進一步清洗和改進。舉例來說，Alpaca-cleaned 和 Alpaca-gpt4 等資料集通常包含幾萬個指令對，檔案大小約為 40MB，採用 json 格式儲存。

補充說明：在相關研究中，資料集長度通常採用 token 個數或指令對個數進行計算。由於 token 個數與 tokenizer 相關，而指令對個數會因文字長度的不同而有不同的影響，因此為直觀起見，在本書的資料集規模評估中選擇檔案儲存大小作為評估指標。

（2） 多輪對話格式。

多輪對話格式是指使用者和模型之間以對話的形式進行互動，模型將透過與使用者進行多輪互動最終滿足使用者的需求。舉例來說，訓練 Vicuna 模型所使用的 ShareGPT 資料集，其本身是一個與 ChatGPT（GPT-4）模型進行互動的聊天記錄分享平臺，它託管了大量由使用者挑選的對話資料集，這些聊天記錄通常展示的是聊天機器人自然流暢、具有創意的回答。Vicuna 模型透過收集該平臺的資料（資料規模為 673MB）訓練出來的模型具有較好的多輪對話能力，具體格式如下：

```
Plaintext
    "conversations": [
    {
            "from": "human",
            "value": "Who are you?"
    },
    {        "from": "gpt",
            "value": "I am Vicuna, ..."
    },
    {
            "from": "human",
            "value": "What can you do?"
    },
    {
```

```
            "from": "gpt",
            "value": "I can chat with you."
    }
```

（3） 其他輔助格式。

除了上述提到的微調訓練資料集格式，還有一些不易轉為對話形式的微調訓練資料集格式，如純文字文件。另外，還有一些針對特定用途的微調訓練資料集，如文字總結資料集，以及根據純文字生成對話的資料集，如 RefGPT 提到的方案。根據文字的不同功能，方案還包括呼叫 API 的格式和呼叫資料庫語言的格式等。當然，除非以純文字的形式存在，否則這些格式都可以轉為指令跟隨格式或多輪對話格式。需要注意的是，這裡所提到的微調訓練資料集格式並不包括強化學習訓練所使用的 RLHF 資料集格式。

## 3．微調訓練資料集的基本處理

微調訓練資料集需要進行一系列的處理，包括資料收集、資料清洗和資料增強等。資料收集是文字處理的基礎，可透過公共資料集、自訂資料集和行業資料集等收集資料。在收集完資料後，需要進行資料清洗，以去除雜訊及重複和低品質的資料，將其統一轉為可訓練的格式。另外，為了提高資料的品質和豐富性，可以採用資料增強技術，如翻譯、摘要、同義詞替換、隨機插入等，進行資料增強處理。當然，由於大型模型本身已經具有很強的文字處理能力，因此資料增強處理可以使用大型模型來輔助完成。

一般來說微調訓練資料集的規模比預訓練資料集小得多。預訓練資料集的規模通常為幾 TB，而微調訓練資料集的規模通常僅為幾 MB 到 GB。在收集和整理完資料後，可以將自訂資料集與其他開放原始碼資料集混合進行訓練。此外，微調訓練資料集通常還包含一個用於自身認知的資料集，如訓練 Vicuna 模型時用到的 Dummy 資料集 [6]。將自訂資料集與其他開放原始碼資料集混合進行訓練有助提高模型的泛化能力。

由於資料整理過程往往涉及許多方面，因此一個好用的 GUI 工具將有助加速上述處理過程。常見的開放原始碼資料標注工具（如 Label-Studio）正在向這方面進行拓展，近期還出現了一套新開放原始碼資料標注工具，即 H2O LLM Data Studio。

當然，大型模型的標準化步驟仍在不斷變化和發展，研究人員也在不斷探索更加便捷和高效的微調訓練資料集處理方案。

## 4．微調訓練資料集建構方法的探索

微調訓練資料集的構造非常重要，可以說是訂製自有模型最核心的環節。微調的目的是以一個預訓練模型為基礎，利用一個小資料集，以打磨細節的方法微呼叫出一個更為訂製化的模型。

在構造微調訓練資料集時，有一些值得注意的事項和方法，如可以基於現有的模型進行 Self-Instruct，以及利用一些基本原則透過結合 Self-Instruct 方法來構造微調訓練資料集。雖然基於現有的模型構造微調訓練資料集是一種簡便的方法，但並不一定能得到高品質的資料集。加之資料量大小不是資料集品質唯一的評判標準，一定數量的微調資料就可以啟動模型的預訓練資料，關鍵在於資料的品質和對模型的啟發。舉例來說，近期出現了一個有意思的模型 based，該模型的指導思想是，模型本身已經擁有對各種事物的看法了，只需教會它如何說話即可。有意思的地方在於，微調資料量僅為 72.8KB 就可以讓模型流暢地表達它的觀點。

構造微調訓練資料集的目的一方面是告知模型一些新的知識，另一方面是調整模型使其以我們期待的方式回覆我們。如果需要告訴模型一種新的知識，那麼可能需要用高品質教導式的方式進行資料擴充。對此，已有的文章提供了許多啟示。舉例來說，"Textbook is all you need" 文章中提出（儘管這篇文章討論的並非微調過程），可以構造更加具有教育意義的知識，如教科書等級的資料集，這樣能使模型在程式設計領域達到更高的水準。當然，也可以基於模型根據已有的資料透過演化的方法來生成更加複雜的微調資料。

另外，微調訓練資料集的構造和 tokenizer 也有關係。其中最大的影響是，tokenizer 會影響模型的學習，如不恰當的 tokenizer 會影響模型在兩位元數加法上的正確性。當然，如果不想更改已經訓練好的 tokenizer，那麼在構造微調訓練資料集時，最好使用 tokenizer 中已有的詞彙。當然，tokenizer 本身會影響 token 的長度，如帶有更多中文詞彙的 tokenizer 可以使中文文字經過 tokenizer 之後更短。同時在資料集處理過程加入 start token、pad token、end token 等標記，也可以幫助模型更進一步地理解資料，或幫助下游應用進行編碼。舉例來說，Vicuna 模型在版本更新後，在微調訓練資料集中加入了新的對話結束識別字 </s>，使模型能有效地預測何時停止生成字元。

綜上，在構造微調訓練資料集時，需要考慮各方面的問題，不僅要注重資料品質和數量的平衡，還要讓模型了解我們的期望，並在訂製領域獲得相應的知識，從而達到在訂製領域具有更高預測準確性的目的。由於微調資料的重要性，因此這方面的努力都是值得的。微調訓練資料集的構造需要精益求精。在實踐中，採用自訂資料集與其他開放原始碼資料集混合訓練的方式有助提高模型的泛化能力。構造高品質微調訓練資料集是一項龐雜瑣碎的任務，需要耗費大量的時間和精力。

### 4.1.3 多輪對話的 3 個場景

目前，多輪對話的場景主要有 3 個，分別是閒聊型多輪對話、問答型多輪對話、任務型多輪對話。

（1） 閒聊型多輪對話：多見於情感陪伴場景。

（2） 問答型多輪對話：多見於客服等知識性場景，能夠解決使用者的一些實際問題。

（3） 任務型多輪對話：針對某個特定目標進行聊天，多見於行銷促單、法律諮詢、醫生諮詢等場景。

任務型多輪對話的定義：根據上下文內容，進行連續的、以達到解決某類特定問題為目標的對話。需要注意的是，任務型多輪對話有 3 個關鍵要素：多輪、連續性、封閉域。

- 多輪：與單輪的問答不同，多輪對話旨在解決複雜條件下的問題，需要結合上下文理解多項約束條件，每次應答都與上下文有強連結關係。
- 連續性：對話需要具備連續性，一旦捕捉到使用者意圖、確定了任務，就以完成此任務為目標，進行持續性的對話。
- 封閉域：「某類特定問題」表明對話是受限的，即這是一個封閉域的問題。對話系統僅負責完成某個領域內已知的一系列任務，如訂機票、訂外賣或查天氣等。

## 4.2 實際操作構造多輪對話微調訓練資料集

假設我們手頭有已經收集好的包含多次交流的對話資料（這裡拿出一輪對話來進行微調訓練資料集構造說明），在第 *n* 次交流中，User 和 Assistant 的輸入分別標記為 (*n*)User、(*n*)Assistant。

(1) User：你好。

(2) Assistant：您好，需要我做什麼？

(3) User：今天天氣如何？

(4) Assistant：今天北京的天空晴朗，溫度在 35℃左右，紫外線強度高，請注意防曬。

(5) User：多謝。

(6) Assistant：不用謝。

在模型微調的指令調整階段，通常只有 (*n*)Assistant 部分的 loss 值會被用於梯度傳遞以更新模型權重，而 (*n*)User 部分的 loss 值通常不會被用於模型權重更新。如何利用上面這段多次交流的資料來訓練大型模型呢？當前主要有三種方法，其中第一種、第二種是主流的方法，第三種是 Firefly 團隊提出的方法。

方法一：多輪對話中的最後一個 Assistant 部分的 loss 值參與模型權重更新，不產生重複計算。

(1)User、(2)Assistant、(3)User、(4)Assistant、(5)User 作為模型的輸入部分，(6)Assistant 作為模型的 Predict 部分，只有 (6)Assistant 部分的 loss 值參與模型權重更新，如圖 4-1 所示。這種方法的弊端在於，未充分利用多輪對話的訓練資料，(2)Assistant 和 (4)Assistant 兩部分未參與模型訓練，被浪費了。

在實際操作中，對於多輪對話訓練資料而言，中間的 Assistant 部分的資訊也很重要，最後一個 Assistant 部分往往是「謝謝」「不客氣」等結束文字。如果只使用這部分文字訓練模型，則會嚴重影響模型的訓練效果。

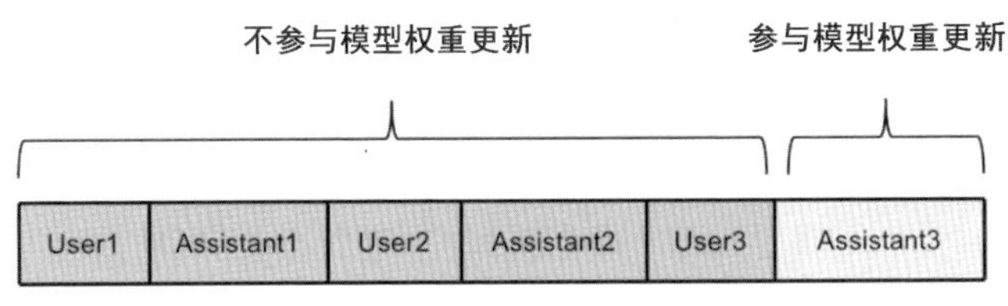


▲ 圖 4-1 多輪對話微調訓練資料集建構方法一

採用 Alpaca 模型或 Vicuna 模型的資料組織風格，可以將多輪對話組織成以下格式（訓練時需要在每個 Assistant 部分的回覆後面都增加 </s>，作為此輪對話生成結束的識別字，否則推理時模型很難採樣到 </s>，從而無法結束對話生成，關於 <s></s> 的用法會在 4.3 節中詳細介紹）：

```
Plaintext
<s>
Below is a conversation between a user and an assistant.
User: input1
Assistant: output1
User: input2
Assistant: output2
User: input3
Assistant: output3</s>...
```

在生成 token_id 時，還會生成一個 output_mask，設定值為 0 或 1，用來標記各個 token 是否屬於 output 部分，即是否需要模型進行預測。其中，"output</s>" 部分的 output_mask 均為 1，其他部分的 output_mask 均為 0，如圖 4-2 所示，其中第一行為 token_id，第二行為 output_mask。

| <s> | User1 | </s> | Assistant1 | </s> | User2 | </s> | Assistant2 | </s> | User3 | </s> | Assistant3 | </s> |
|---|---|---|---|---|---|---|---|---|---|---|---|---|
| 0 | 0 | 0 | 0 | 0 | 0 | 0 | 0 | 0 | 0 | 0 | 1 | 1 |

▲ 圖 4-2 output_mask 與 token_id 的對應關係圖（方法一）

計算每個位置的 loss 值，只有 output_mask=1 位置的 loss 值才參與模型權重更新。

方法二：多輪對話中的每個 Assistant 部分的 loss 值都參與模型權重更新，產生重複計算。

將一筆多輪對話資料拆分成多筆資料，如圖 4-3 所示。

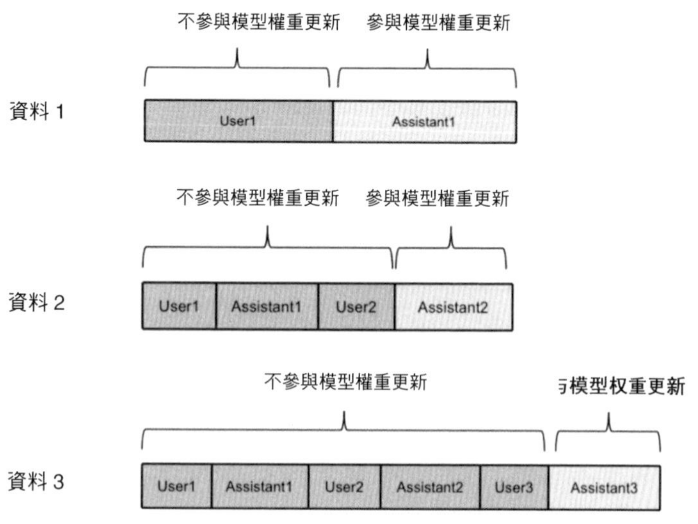


▲ 圖 4-3 多輪對話微調訓練資料集建構方法二

相比方法一，方法二能夠更加充分地利用多輪對話中的每個 Assistant 部分的內容。其弊端在於，需要將一筆包含 *n* 輪對話的資料拆分成 *n* 筆資料，訓練效率降低為 1/*n*，成本也升高了很多。

採用 Alpaca 模型或 Vicuna 模型的資料組織風格，可以將多輪對話拆分成以下格式：

```
Plaintext
資料 1:
Below is a conversation between a user and an assistant.
User: input1
Assistant: output1</s>
資料 2:
Below is a conversation between a user and an assistant.
User: input1
Assistant: output1
User: input2
Assistant: output2</s>...
資料 3:
Below is a conversation between a user and an assistant.
User: input1
Assistant: output1
User: input2
Assistant:output2
User: input3
Assistant: output3</s>...
```

這 3 筆資料在生成 token_id 時，還會生成一個 output_mask，設定值為 0 或 1，用來標記每筆資料中各個 token 是否屬於 output 部分，即是否需要模型進行預測。其中，"output</s>" 部分的 output_mask 均為 1，其他部分的 output_mask 均為 0，如圖 4-4 所示，其中每筆資料中第一行為 token_id，第二行為 output_mask。

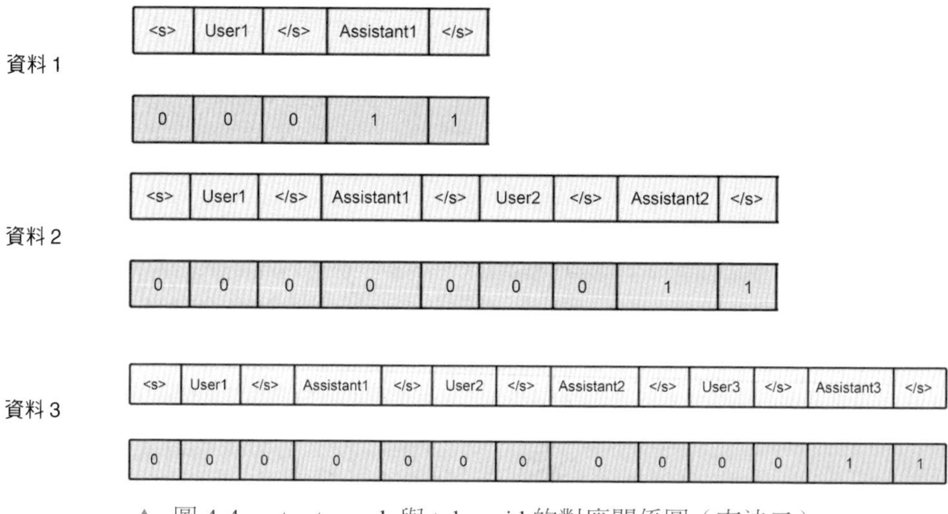


▲ 圖 4-4 output_mask 與 token_id 的對應關係圖（方法二）

方法三：將多輪對話資料拼接之後輸入模型。

Firefly 團隊提出了一種更加充分且高效的方法，如圖 4-5 所示，將多輪對話資料拼接之後輸入模型，平行計算每個位置的 loss 值，只有 Assistant 部分的 loss 值參與模型權重更新。

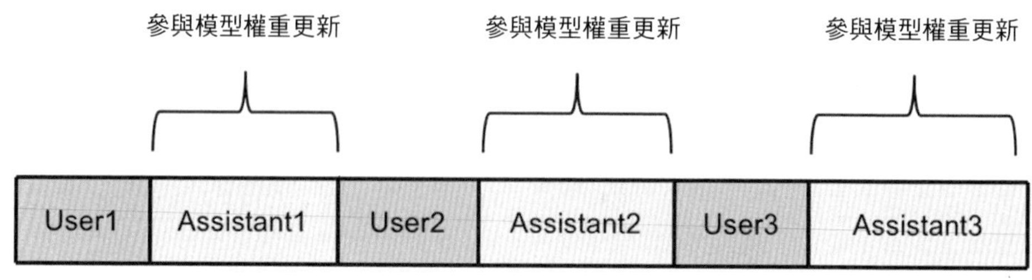


▲ 圖 4-5 多輪對話微調訓練資料集建構方法三

採用 Alpaca 模型或 Vicuna 模型的資料組織風格，可以將多輪對話拆分成以下格式：

```
Plaintext
Below is a conversation between a user and an assistant.
User: input1
```

```
Assistant: output1</s>
User: input2
Assistant: output2</s>
User: input3
Assistant: output3</s>...
```

在生成 token_id 時，還會生成一個 output_mask，設定值為 0 或 1，用來標記各個 token 是否屬於 output 部分，即是否需要模型進行預測。其中，"output</s>" 部分的 output_mask 均為 1，其他部分的 output_mask 均為 0，如圖 4-6 所示，其中第一行為 token_id，第二行為 output_mask。

| <s> | User1 | </s> | Assistant1 | </s> | User2 | </s> | Assistant2 | </s> | User3 | </s> | Assistant3 | </s> |
|---|---|---|---|---|---|---|---|---|---|---|---|---|
| 0 | 0 | 0 | 1 | 1 | 0 | 0 | 1 | 1 | 0 | 0 | 1 | 1 |

▲ 圖 4-6 output_mask 與 token_id 的對應關係圖（方法三）

計算每個位置的 loss 值，只有 output_mask=1 位置的 loss 值才參與模型權重更新。這種方法充分利用了模型平行計算的優勢，更加高效，並且多輪對話中的每個 target 部分都參與了模型訓練，更加充分地利用了資料。

loss 值計算的實現方式可參考以下程式：

```
Plaintext
class TargetLMLoss(Loss):
    def __init__(self, ignore_index):
            super().__init__()
            self.ignore_index = ignore_index
            self.loss_fn =
nn.CrossEntropyLoss(ignore_index=ignore_index)
    def __call__(self, model, inputs, training_args,
return_outputs=False):
            input_ids = inputs['input_ids']
            attention_mask = inputs['attention_mask']
            target_mask = inputs['target_mask']        # 模型前饋預測
```

```
            outputs = model(input_ids=input_ids,
attention_mask=attention_mask, return_dict=True)
            logits = outputs["logits"] if isinstance(outputs, dict)
else outputs[0]
        # 將 labels 中不屬於 target 的部分設為 ignore_index，只計算 target 部
分的 loss 值
        labels = torch.where(target_mask == 1, input_ids, self.ignore_index)
        shift_logits = logits[..., :-1, :].contiguous()
        shift_labels = labels[..., 1:].contiguous()
        loss = self.loss_fn(shift_logits.view(-1,
shift_logits.size(-1)), shift_labels.view(-1))
        return (loss, outputs) if return_outputs else loss
```

## 4.3 透過多輪對話儲存解決資訊流失問題

在大型模型（如 GPT、BERT、Llama 2 等）的微調、推理過程中，經常會遇到多輪對話儲存問題，大型模型在處理多輪對話時如何對其進行儲存以解決資訊流失問題是一個難題，處理不好會面臨資訊流失的問題從而影響大型模型的表現，本節將介紹幾種透過多輪對話儲存解決資訊流失問題的方法。

### 4.3.1 拼接歷史與當前輸入

在微調多輪對話資料集時，如何有效地管理和利用多輪對話歷史是一個重要的問題。有一種廣泛使用的方法是拼接歷史與當前輸入，即將之前幾輪的對話內容拼接到當前輪的輸入中。在實際操作中，LangChain 的框架裡有對應 memory 的模組，方便建構具有上下文記憶的多輪對話。這種方法在某些方面表現得相當出色，但也存在一些明顯的局限性。

拼接歷史與當前輸入的方法相對直接和簡單。當使用者與系統進行互動時，每一輪的對話內容都會被儲存。在下一輪對話開始時，系統將之前的歷史資訊與新的輸入資訊拼接在一起，形成一個更長的輸入序列，類似於 4.2 節中的方法二。拼接歷史與當前輸入方法的實施步驟如下。

（1） 歷史記錄：儲存每一輪的對話。

（2） 資訊拼接：在新一輪對話開始時，將儲存的歷史資訊與當前輸入資訊拼接在一起。

（3） 模型輸入：將拼接後的資訊輸入模型。

### 優點

- 完整性：透過這種方法，模型可以看到完整的對話歷史，從而更進一步地理解上下文。
- 準確性：模型更可能生成與之前對話內容一致或相關的輸出。
- 靈活性：適用於多種類型的對話模型和應用場景。

### 局限性

- 輸入長度限制：由於大多數模型（如 Transformer、LSTM 等）有輸入長度限制，因此這種方法可能無法處理很長的對話。
- 計算銷耗：拼接更多的歷史資訊會增加模型的計算負擔。
- 資訊容錯：如果歷史資訊中包含不必要或重複的內容，則可能會干擾模型的判斷。

### 應對策略

- 資訊裁剪：對於超長的對話歷史，可以透過裁剪或選擇最關鍵的部分來減小輸入長度。
- 分段處理：將長對話分成幾個較短的段落，分別進行處理。
- 注意力機制：使用注意力機制讓模型聚焦於重要的歷史資訊。

### 應用場景

- 客服機器人：可以更準確地理解使用者的需求和問題，從而提供更精準的解決方案。

- 社交聊天機器人：可以更進一步地維護與使用者對話的連貫性。
- 個人幫手：可以更全面地理解使用者的多輪指令或查詢。

拼接歷史與當前輸入是一種有效但受限的方法，它能夠讓模型獲得更全面的上下文資訊，但同時也面臨著輸入長度限制、計算銷耗和資訊容錯方面的問題。透過採用合理的最佳化和應對策略，這種方法仍然具有廣泛的應用潛力。

## 4.3.2 上下文向量

在建構多輪對話系統時，如何有效地傳遞和利用對話歷史是一個挑戰。一種較新的方法是使用模型的隱藏層作為上下文向量，將其傳遞給下一輪對話。在實際操作中，該方法對應 LangChain 的向量資料庫方案，能夠為使用者提問進行向量資料庫相似性搜索拼接。該方法在捕捉對話歷史及業務知識方面具有顯著優勢，但也存在一些局限性。

上下文向量的生成：在對話模型中，隱藏層通常包含豐富的上下文資訊。可以從模型的隱藏層中提取一個固定長度的向量，這個向量可以作為上下文資訊在多輪對話之間傳遞。上下文向量方法的實施步驟如下。

- 模型訓練：訓練一個能夠處理對話輸入的模型。
- 隱藏層提取：在每輪對話結束時，從模型的隱藏層中提取上下文向量。
- 向量傳遞：將上下文向量作為額外的輸入傳遞給下一輪對話。

**優點**

- 資訊豐富：由於隱藏層能夠捕捉多維度的資訊，因此上下文向量資訊通常很豐富。
- 持久性：一旦生成，上下文向量可以多次用於後續的對話，保持上下文資訊的連貫性。
- 模型泛化：透過傳遞上下文向量，模型在處理未見過的對話情境時也能表現得很好。

### 局限性

- 實現複雜性：與簡單的拼接歷史與當前輸入的方法相比，使用上下文向量需要更複雜的模型架構和演算法。
- 儲存需求：每輪對話都需要儲存其上下文向量，這會提高儲存成本。
- 計算銷耗：生成和傳遞上下文向量需要額外的運算資源。

### 應對策略

- 向量壓縮：使用降維技術來壓縮上下文向量，從而降低儲存和計算成本。
- 最佳化演算法：採用更高效的演算法和進行硬體加速來減少計算銷耗。
- 分散式儲存：利用分散式資料庫來儲存大量的上下文向量。

### 應用場景

- 個性化推薦系統：可以捕捉使用者的長期和短期興趣。
- 高級客服系統：可以使模型理解複雜問題和歷史互動，從而提供更準確的解決方案。

上下文向量是一種強大而靈活的方法，它能有效地捕捉和傳遞對話歷史資訊。雖然實現這一方法需要更複雜的技術手段和額外的儲存空間，但透過進行適當的最佳化和應用選擇，其潛力和價值是巨大的。這種方法的推廣和應用不僅能改進現有的多輪對話系統應用，還能為未來的對話模型和應用程式開發提供新的方向與想法。整體而言，上下文向量代表了對話狀態管理領域中一個值得深入研究的方向。

## 4.3.3 對話狀態追蹤

在複雜的多輪對話系統中，對話狀態追蹤是一種關鍵技術。透過在每輪對話後用模型預測出的槽（Slots）和意圖（Intents）來更新對話狀態，系統能夠更準確地滿足使用者需求。在實際操作中，建構 Agent 會引入對話狀態管理，如 AutoGPT、MetaGPT 等都有相關的對話狀態管理模組。

對話狀態及其組成：對話狀態是一個資料結構，通常包含多個欄位，如使用者意圖、關鍵資訊描述等，每當使用者與系統進行互動時，這些欄位就會根據模型預測進行更新。對話狀態追蹤方法的實施步驟如下。

- 模型預測：在每輪對話結束時，模型預測當前輸入的使用者意圖和關鍵資訊描述。
- 狀態更新：根據預測結果，更新對話狀態。
- 回應生成：基於當前的對話狀態，生成系統的下一步回應。

### 優點

- 明確性：對話狀態以明確的方式儲存了使用者意圖和關鍵資訊描述，易於解釋和理解。
- 高效性：透過快速地更新對話狀態，系統能夠即時做出回應。
- 模組化：因為對話狀態通常分為多個欄位的關鍵資訊描述，所以容易進行模組化設計和開發。

### 局限性

- 複雜性捕捉：由於對話狀態通常是預先定義的，因此可能無法捕捉所有複雜的上下文資訊。
- 強制寫入風險：如果使用者意圖和關鍵資訊描述是強制寫入的，那麼系統的靈活性和適應性可能會受限。
- 資料稀疏：在某些情況下，由於資料稀疏或模型不準確，因此對話狀態更新可能不夠準確。

### 應對策略

- 混合模型：基於預設的對話狀態和大型模型基於使用者的提問推理預測的對話狀態（意圖、關鍵資訊描述等）相結合，以提高對話狀態追蹤的準確性。

- 動態增加或修改使用者意圖和關鍵資訊描述：允許動態增加或修改使用者意圖和關鍵資訊描述，以增加系統的靈活性。
- 上下文融合：使用其他方法（如上下文向量）來補充狀態資訊。

**應用場景**

- 電子商務：如購物幫手，能根據對話狀態為使用者推薦合適的產品。
- 智慧家居：能準確理解使用者的多輪命令，如「調高溫度」或「關閉燈」。
- 健康諮詢：能根據使用者的問題和症狀，提供個性化的健康建議。

對話狀態追蹤是一種在多輪對話系統中廣泛使用的方法，具有明確性和高效性，但也存在無法捕捉所有複雜上下文資訊的局限性。透過綜合使用其他技術和策略，這些局限性可以得到一定程度的緩解。

整體而言，對話狀態追蹤提供了一種結構化的方式來管理複雜的多輪對話，是多輪對話系統設計中不可或缺的一環。它既可以應用於簡單的任務導向對話場景，也可以應用於更複雜、更個性化的對話場景。這種方法的繼續研究和最佳化有助實現更高效、更準確的對話狀態管理。

## 4.3.4 狀態壓縮

在複雜的多輪對話系統中，因為單次吞吐的資料規模有限，所以針對對話狀態的管理和儲存成為一個挑戰。一種可行的解決方案是使用狀態壓縮技術（高效但有損的對話狀態管理），如主成分分析（PCA）或自動編碼器，以減小儲存需求和計算負擔。

壓縮機制：狀態壓縮是一個將對話狀態從高維空間映射到低維空間的過程，通常透過降維技術或神經網路模型（如自動編碼器）來實現。狀態壓縮方法的實施步驟如下。

- 資料準備：收集並整理需要壓縮的對話狀態資料。
- 模型選擇：選擇合適的降維技術或神經網路模型。

- 壓縮執行：應用選定的技術或模型進行狀態壓縮。
- 狀態更新：使用壓縮後的狀態進行對話狀態管理。

#### 優點

- 儲存最佳化：壓縮後的狀態佔用更少的儲存空間，降低了儲存成本。
- 計算效率：由於狀態的維度降低，因此相關的計算任務會更快完成。
- 可擴充性：狀態壓縮使系統更易於處理大量的併發對話。

#### 局限性

- 資訊損失：降維過程可能會導致一些重要資訊遺失。
- 複雜性增加：引入壓縮和解壓縮步驟會增加系統的複雜性。
- 可解釋性下降：壓縮後的狀態可能不如原始狀態容易解釋和理解。

#### 應對策略

- 資訊保留：透過最佳化神經網路模型，最大限度地保留重要資訊。
- 壓縮驗證：在應用壓縮狀態前，先進行效果評估和驗證。
- 動態調整：根據需要，動態選擇是否使用狀態壓縮技術。

#### 應用場景

- 大規模對話系統：在需要管理大量對話狀態的系統中，狀態壓縮幾乎是必須進行的。
- 行動裝置：由於行動裝置的儲存和運算資源有限，因此狀態壓縮對行動裝置特別有用。
- IoT 裝置：在資源受限的 IoT 裝置中，狀態壓縮可以提高效率。

狀態壓縮是一種高效但有損的對話狀態管理策略，它透過減小對話狀態的儲存和計算需求，提高了多輪對話系統的可擴充性和效率。然而，這種方法也有其局限性，特別是在資訊損失和系統複雜性方面。儘管存在這些挑戰，狀態壓縮依然值得進一步研究和應用。透過進行合理的設計和最佳化，可以在較大程度上發揮其優點，同時儘量減小其局限性帶來的影響。整體而言，狀態壓縮為多輪對話系統提供了一種既高效又靈活的管理方案。

## 4.3.5 增量學習和線上學習

在多輪對話系統和其他 AI 應用中，模型通常先在初始階段進行預訓練生成預訓練模型，之後再用於實際場景。然而，這種「一次訓練，多次使用」的方法有時不能極佳地適應使用者行為的多樣性和變化性。增量學習和線上學習（動態適應的智慧對話狀態管理）提供了一種解決方案：模型在與使用者互動的過程中不斷進行微調。增量學習是一種讓模型在使用過程中不斷更新自己的學習方法。與之類似，線上學習是一種更為即時的學習模式，模型在每次與使用者互動後都可能進行更新。增量學習和線上學習的實施步驟如下。

- 預訓練：模型進行初始預訓練以處理通用任務。
- 資料收集：模型在與使用者互動的過程中，收集相關資料。
- 模型微調：使用新收集的資料對模型進行微調。
- 性能評估：定期或即時評估模型性能。

### 優點

- 動態適應：模型可以更進一步地適應使用者行為和偏好，提供個性化的服務。
- 長期最佳化：模型性能會隨著時間和資料累積逐漸提高。
- 即時回饋：線上學習允許模型即時從每次與使用者的互動中學習，從而使模型更加敏捷和高效。

### 局限性

- 實現複雜性：與傳統的「訓練 - 應用」模式相比，增量學習和線上學習需要更複雜的模型架構與演算法。
- 計算銷耗：模型微調可能需要額外的運算資源。

- 資料安全和隱私：持續地收集、使用使用者資料可能引發資料安全和隱私問題。

**應對策略**

- 模型簡化：使用羽量級的模型來減小計算負擔。
- 批次更新：不在每次與使用者互動後都進行更新，可以選擇在資料累積到一定程度後進行批次更新。
- 資料脫敏：在收集和使用資料時，應用必要的資料脫敏和加密技術。

**應用場景**

- 推薦系統：透過持續學習使用者行為，提供給使用者更精準的推薦。
- 客服機器人：能夠根據使用者回饋和問題類型進行自我最佳化。
- 個人幫手：能夠更準確地理解和執行使用者的命令。

增量學習和線上學習為多輪對話系統提供了一種動態、自我調整的管理方式。雖然這種方法在實現和運算方面有一定的挑戰，但其能力在逐漸適應使用者行為和偏好方面是無可比擬的。透過進行合理的設計和最佳化，模型的長期性能和使用者滿意度將大大提高。整體而言，增量學習和線上學習具有很大的發展潛力，值得進一步研究和應用。

在微調大型模型時，可能需要權衡模型複雜性、儲存需求和準確性，以選擇最適合應用場景的方法。這些方法可以單獨使用，也可以組合使用，以實現最佳的多輪對話性能。

## 4.4 提高大型模型多輪對話應對能力

本節將介紹 6 種提高大型模型多輪對話應對能力的方法，分別為針對性的資料集與微調、即時回饋與自我調整、強化學習最佳化、上下文感知與個性化、多模態與多工學習、錯誤處理與恢復策略。

## 4.4.1 針對性的資料集與微調

在建構多輪對話系統時，一個常見的挑戰是如何讓大型模型適應特定類型的對話和使用者需求。通用模型雖然能處理各種類型的對話，但可能缺乏某個特定場景下的最佳化。本節將討論一種有效的解決方案：使用與目標任務或場景高度相關的對話資料集進行模型微調。微調是一種常用的遷移學習策略，它允許一個已經訓練好的模型在一個特定的資料集上進行額外訓練，以便更進一步地適應新的任務或場景。

關鍵在於選擇一個與目標任務或場景高度相關的對話資料集。這種資料集中應包括典型的使用者輸入和系統回應，以及可能的使用者意圖和上下文資訊。針對性的資料集與微調方法的實施步驟如下。

- 資料集準備：搜集或建立一個與目標任務或場景高度相關的對話資料集。
- 前置處理：對資料集進行必要的前置處理，如資料清洗、標注等。
- 初步訓練：如果沒有預訓練模型，則先在一個大規模的通用對話資料集上進行訓練。
- 模型微調：使用目標資料集對模型進行微調。
- 性能評估：透過專門針對目標任務或場景的評估指標，檢驗微調後模型的性能。

### 優點

- 高度適應性：微調使模型能夠更精確地適應特定類型的對話和使用者需求。
- 效率提高：由於模型更加了解目標任務或場景的特點，因此能更快地生成準確和相關的回應。
- 提升使用者體驗：對於使用者而言，一個能夠理解和滿足其特定需求的模型會大大提升使用者體驗。

### 局限性

- 資料品質：微調的效果在很大程度上依賴於目標資料集的品質和代表性。
- 計算成本：微調過程可能需要額外的運算資源和時間。
- 過擬合風險：如果目標資料集過小或不夠多樣，那麼模型可能會過擬合。

### 應對策略

- 資料增強：透過各種技術手段增強資料集的多樣性。
- 正則化：應用正則化技術降低模型過擬合的風險。
- 持續評估：定期使用新資料來評估和調整模型。

### 應用場景

醫療諮詢機器人：能夠準確地理解和回答與醫療健康相關的問題。透過使用專門針對醫療領域的對話資料集進行微調，醫療諮詢機器人可以更準確地解釋症狀、疾病和舉出治療方法。

金融幫手：金融機構的客戶常常有特定的、與金融產品和服務相關的問題。使用與金融相關的對話資料集進行微調，可以使金融幫手更有效地處理貸款、投資和帳戶管理等問題。

技術支援中心：針對某個特定產品或軟體的技術支援往往需要專業的知識。微調技術支援對話資料集可以使技術支援中心更準確地理解問題並提供解決方案。

旅行和酒店預訂幫手：能夠滿足希望獲取關於目的地、酒店和行程建議的旅行者的需求。

透過使用與目標任務或場景高度相關的對話資料集進行微調，多輪對話系統可以更準確地滿足特定類型的對話和使用者需求。這不僅能提高模型的效率，還能顯著提升使用者體驗。然而，成功實施這種方法需要高品質的資料、精心的實施和持續的評估。整體而言，這是一種具有較高價值和潛力的對話模型最佳化方法，具體可參考 4.1 節和 4.2 節的相關介紹。

## 4.4.2 即時回饋與自我調整

在多輪對話系統中，模型的長期性能是一個關鍵因素，特別是在高度動態和多樣性的使用者環境中。傳統的對話模型最佳化方法通常偏重於預訓練，而忽視了模型在實際應用中可能面臨的變化和挑戰。本節將討論一種高效的解決方案：引入即時回饋機制（持續最佳化的對話模型管理），以允許模型根據使用者回饋或系統指標進行自我調整。

即時回饋機制是一種在模型與使用者或系統互動過程中即時收集和分析資料，並用這些資料來調整模型參數或行為的方法。根據即時回饋，模型可以自動調整其參數，或調整與使用者互動的策略，從而更進一步地適應環境和使用者需求。即時回饋與自我調整方法的實施步驟如下。

- 回饋收集：設定合適的回饋收集機制，以收集使用者回饋或系統指標。
- 資料分析：對收集到的資料進行即時或近即時分析。
- 模型調整：基於分析結果，自動或半自動地調整模型參數或行為。
- 性能評估：持續監控模型性能，以確保其在各種條件下都能維持良好的表現。

### 優點

- 持續學習：透過即時回饋，模型可以不斷地學習和改進，從而提高其長期性能。
- 動態適應：模型能夠更快地適應使用者行為的變化或新出現的情境。
- 提升使用者體驗：一個能夠自我調整和最佳化的模型通常能提供更好的使用者體驗。

### 局限性

- 即時計算壓力：即時資料處理和模型調整可能需要大量的運算資源。
- 資料品質和隱私：即時收集、處理使用者資料可能引發資料品質和隱私問題。

- 穩定性和可靠性：過於頻繁或隨意的模型調整可能影響系統的穩定性和可靠性。

**應對策略**

- 最佳化演算法：使用高效的演算法和資料結構，以降低即時計算的複雜性。
- 資料過濾和加密：僅收集必要的資料，並採取安全措施以保護使用者隱私。
- 限制調整頻率：設定合適的設定值和條件，以避免過度調整。

**應用場景**

- 客服機器人：能夠即時收集使用者回饋，以不斷最佳化答覆和服務品質。
- 智慧幫手：可以根據使用者的使用習慣和回饋，自動調整任務執行策略。
- 教育軟體：透過即時評估學生的學習進度和需求，自動調整教學內容和方式。

即時回饋與自我調整提供了一種強大的方法，使對話模型能夠持續學習，並適應變化的環境和使用者需求。儘管實施這種方法有一定的局限性和挑戰，但透過精心設計和最佳化，這些問題是可以克服的。整體而言，引入即時回饋與自我調整機制將大大提高模型的長期性能和使用者滿意度，值得在多輪對話系統設計中給予高度重視，但其也面臨著更多的資源消耗、資料品質和隱私、穩定性等相關問題。

## 4.4.3 強化學習最佳化

在多輪對話系統中，如何讓模型適應不斷變化的環境和使用者需求是一個重要但具有挑戰性的問題。強化學習提供了一種有效的解決方案（實現自我調整的智慧對話狀態管理），允許模型在與使用者互動的過程中最佳化其行為和策略。

強化學習是一種讓模型透過與環境的互動來學習如何執行任務的機器學習方法。在多輪對話系統中，這通常表示最佳化一系列對話策略或動作，以實現特定的目標，如提高使用者滿意度或完成某項任務。強化學習最佳化方法的實施步驟如下。

- 環境建模：定義模型（代理）與使用者（環境）互動的各個方面，包括狀態、動作和獎勵函數。
- 策略初始化：選擇一個初步的對話策略，該策略可以是隨機的或基於某種預訓練模型的。
- 線上互動與學習：模型與使用者進行即時互動，並根據得到的獎勵來更新其策略。
- 性能評估與調整：週期性地評估模型性能，並據此進行必要的調整。

### 優點

- 動態最佳化：強化學習允許模型在與使用者互動的過程中不斷最佳化其行為和策略，使其能夠更進一步地適應各種情況。
- 目標導向：由於強化學習是基於獎勵函數的，因此可以很容易地針對特定的業務或使用者目標進行最佳化。
- 自我調整：模型能夠根據即時回饋進行自我調整，以提高長期性能。

### 局限性

- 計算複雜性：強化學習通常需要大量的運算資源，特別是在高維狀態和動作空間中。
- 資料稀疏與延遲獎勵：在很多對話場景中，有效的獎勵可能是稀疏的或延遲的，這增加了學習的難度。
- 探索與利用的平衡：模型需要在探索新策略和利用已知策略之間找到平衡點，這是一個複雜的問題。

### 應對策略

- 分層學習：透過將問題分解為多個子任務，降低計算複雜性。
- 經驗重播：使用經驗重播機制來更有效地利用稀疏或延遲的獎勵。
- 多臂賭博機演算法：利用多臂賭博機演算法來平衡探索與利用。

### 應用場景

- 個性化推薦：強化學習可以用於個性化推薦系統，以動態地調整推薦策略。
- 自動客服：用於解決複雜的使用者問題或需求，特別是在需要進行多步互動的場景中。
- 智慧幫手：能夠根據使用者的歷史行為和回饋來調整任務執行策略。

強化學習提供了一種強大而靈活的方法，用於最佳化多輪對話系統中的動態互動策略。透過即時與使用者互動並根據回饋進行自我調整，模型能夠不斷地學習和改進，從而實現更高的長期性能。儘管強化學習最佳化方法存在一些實施上的局限性，但透過進行適當的設計和最佳化，這些問題是可以解決的。整體而言，強化學習最佳化在建構高效、自我調整的對話系統中具有重要的應用價值。

## 4.4.4 上下文感知與個性化

在建構多輪對話系統時，提供個性化的使用者體驗是至關重要的。一個能夠理解和適應個體差異的模型不僅能提高使用者滿意度，還能提高模型的商業價值。本節將介紹一種實現這一目標的方法：加入使用者歷史行為和偏好資訊，以使模型能夠提供個性化的回應。

上下文感知是指模型能夠理解並利用上下文資訊（如使用者歷史行為、時間、地點等）做出更合適的決策。這些資訊通常包括使用者以往的查詢記錄、互動記錄、購買行為、社群網站資料，以及明確表示的偏好等。上下文感知與個性化方法的實施步驟如下。

- 資料收集：收集、整理使用者歷史行為和偏好資訊。
- 特徵工程：對收集的資料進行前置處理和特徵提取。
- 模型整合：將提取出的特徵整合到對話模型中。
- 個性化回應生成：模型根據整合的上下文資訊生成個性化回應。
- 效果評估：透過使用者回饋和其他指標來評估個性化策略的有效性。

## 優點

- 提高使用者滿意度：個性化回應更符合使用者的實際需求和期望，能提高使用者滿意度。
- 提高商業價值：高使用者滿意度通常會轉為更高的使用者留存率和更多的商業機會。
- 多樣性和靈活性：上下文感知與個性化使模型能夠適應更廣泛和更多樣的使用者群眾。

## 局限性

- 資料隱私：收集和使用使用者個人資料涉及資料隱私問題。
- 實現複雜性：整合上下文感知與個性化資訊通常會提高模型與系統的複雜性。
- 資料品質依賴：個性化的效果高度依賴於使用者資料的品質和全面性。

## 應對策略

- 資料保護：透過加密和匿名化技術來保護使用者資料。
- 模型簡化與最佳化：透過演算法和架構最佳化來降低實現複雜性。
- 資料清洗與驗證：確保所使用的使用者資料是準確和可靠的。

## 應用場景

- 電子商務平臺購物推薦：基於使用者的購買歷史和偏好為使用者生成個性化的購物推薦。

- 智慧新聞聚合：根據使用者的閱讀歷史和興趣為其推薦相關新聞。
- 社群網站服務：根據使用者的社交行為和關係網為其推薦可能感興趣的人或活動。

上下文感知與個性化是提高多輪對話系統性能的有效途徑。透過整合使用者歷史行為和偏好資訊，模型能夠生成個性化和更為精準的回應，從而提高使用者滿意度和商業價值。然而，這個過程也帶來了資料隱私和實現複雜性等局限性。因此，需要在設計和實施上下文感知與個性化策略時充分考慮這些因素，並實施適當的應對策略。整體而言，上下文感知與個性化具有巨大的潛力和應用價值，值得在多輪對話系統中得到廣泛的研究和應用。

## 4.4.5 多模態與多工學習

傳統的多輪對話系統通常僅限於處理文字輸入和輸出，但在現實世界中，使用者與系統的互動遠不止於此。多模態與多工學習提供了一種擴充模型能力的方法，使其能處理多種類型的輸入（如文字、影像、語音）和輸出，或同時處理多個任務。這種方法不僅能提供更豐富的使用者體驗，還能使模型的適用範圍擴大、商業價值提高。

多模態學習關注如何整合來自不同源（模態）的資訊。舉例來說，一個多模態的多輪對話系統或許能理解使用者的文字輸入、聽取語音命令，甚至解析影像或視訊內容。多工學習關注如何讓單一模型在多個任務上表現良好，包括但不限於文字生成、情感分析、物件辨識等。多模態與多工學習方法的實施步驟如下。

- 資料集準備：收集包含多模態和多工的資料。
- 模型架構設計：設計能處理多模態輸入和輸出的模型架構。
- 聯合訓練：使用多工損失函數進行模型訓練。
- 模型融合：整合多模態與多工的輸出，以生成最終回應。
- 性能評估：透過多模態與多工的評價指標來評估模型性能。

### 優點

- 豐富的使用者體驗：多模態與多工學習使模型能提供更豐富的使用者體驗。
- 提高模型泛化能力：處理多種類型的輸入和任務可以提高模型的泛化能力。
- 提高效率和價值：單一模型能完成多個任務，節省了部署多個單一任務模型的成本，降低了其複雜性。

### 局限性

- 計算複雜性：多模態與多工學習通常需要更複雜的模型和更多的運算資源。
- 資料不平衡與雜訊：不同模態和任務的資料可能存在不平衡情況或雜訊，從而影響模型性能。
- 任務干擾：在多工學習中，不同任務之間可能存在干擾，導致模型在某些任務上的性能下降。

### 應對策略

- 模型簡化與最佳化：透過模型架構最佳化和演算法改進減小計算負擔。
- 資料增強與清洗：透過資料前置處理和增強解決資料不平衡與雜訊問題。
- 任務權重調整：透過動態調整各任務的權重減少任務之間的干擾。

### 應用場景

- 多媒體客服：能同時處理使用者的文字、影像和語音輸入。
- 智慧幫手：除了基礎的查詢回應，還能執行圖片辨識、翻譯等多種任務。
- 健康監護：能分析使用者的文字描述，同時解讀相關的醫學影像。

多模態與多工學習為多輪對話系統提供了一種高度靈活和多功能的解決方案。透過整合多種類型的輸入和輸出，以及同時處理多個任務，這種方法能顯著提升使用者體驗和提高模型的商業價值。儘管實施這種方法面臨多個挑戰，如計算複雜性和資料不平衡與雜訊等，但透過進行適當的設計和最佳化，這些問題是可以克服的。整體而言，多模態與多工學習在建構下一代大型模型多輪對話系統中具有巨大的潛力和應用價值。

### 4.4.6 錯誤處理與恢復策略

在多輪對話系統中，錯誤處理與恢復是不可或缺的組成部分。使用者輸入的多樣性和不可預測性使系統必然會遇到未知或錯誤的輸入。因此，設計專門的錯誤處理與恢復策略不僅能優雅地應對這些問題，還能顯著提高系統的堅固性和可靠性。

錯誤處理策略是一套用於辨識、處理錯誤輸入或系統行為的規則和程式，通常包括輸入驗證、異常捕捉和錯誤日誌記錄等。恢復策略是在錯誤發生後，如何將對話流程引導回正常軌道的一系列動作或指導原則。錯誤處理與恢復策略方法的實施步驟如下。

- 錯誤辨識：使用模型或規則來辨識潛在的錯誤或異常情況。
- 錯誤分類：將辨識到的錯誤按類型或嚴重性進行分類。
- 處理與回應：根據錯誤類型採取相應的處理措施，包括舉出修正指導、提供備選方案或重新開機對話等。
- 日誌記錄與分析：記錄錯誤事件並進行分析，以便未來改進。

**優點**

- 提高堅固性：有效的錯誤處理與恢復策略可以使系統更加健壯，即使在面對未知或錯誤輸入時也能保持穩定運行。
- 增強可靠性：透過減少系統崩潰或錯誤回應的頻率，可以提高使用者對系統的信任度。
- 提升使用者體驗：一個能夠優雅地處理錯誤並正確引導使用者的系統通常能提供更好的使用者體驗。

## 局限性

- 實現複雜性：設計全面且有效的錯誤處理與恢復策略可能相當複雜。
- 性能銷耗：錯誤檢測和處理可能會消耗額外的運算資源。
- 準確性和敏感性：過於敏感的錯誤檢測可能會產生誤報，而不夠準確的錯誤檢測則可能會漏掉一些真正的錯誤。

## 應對策略

- 模組化設計：透過模組化設計降低實現複雜性。
- 最佳化演算法：使用高效的演算法減少計算銷耗。
- 動態調整：允許系統根據實際情況動態調整錯誤檢測的敏感度。

## 應用場景

- 自動客服系統：在處理使用者查詢和問題時，能夠自動辨識和處理錯誤輸入或指令。
- 智慧家居控制：當使用者提供模糊或錯誤的控制指令時，系統能舉出合適的修正建議。
- 教育和培訓軟體：在教學過程中，能辨識學生的錯誤答案並提供相應的糾正和指導。

錯誤處理與恢復策略是高品質大型模型多輪對話系統的關鍵組成部分。透過專門的設計和實施，錯誤處理與恢復策略不僅能優雅地處理各種未知或錯誤的使用者輸入，還能顯著提高系統的堅固性和可靠性。儘管這帶來了一定的實現複雜性和性能銷耗，但這些問題通常可以透過精心設計和最佳化來解決。整體而言，投資於有效的錯誤處理與恢復策略會帶來長期的效益，包括更高的使用者滿意度和更強的商業競爭力。

透過採用這些方法，大型模型在微調後不僅能夠更精準地理解使用者意圖和上下文，還能更有效地應對各種對話場景和挑戰。這些方法可提高大型模型多輪對話應對能力，使其滿足更加多樣和複雜的應用需求。

# 4.5 模型評估與持續改進

本節主要解析模型評估與持續改進階段的關鍵要點和實踐方法，從選擇合適的評估指標到實驗設計，再到模型最佳化和使用者回饋，涵蓋模型最佳化的核心環節。

## 4.5.1 微調 Llama 2 大型模型評估

當下，大型模型主流評測大都使用公開資料集。使用公開資料集的好處是有統一標準，壞處是很多大型模型專門針對公開資料集訓練作弊，從而使公開資料集評測的標準失真，無法檢測大型模型的真實能力。為此，AIGCLINK 提出了針對特定場景的大型模型評估框架（從兩個維度評估：推理能力和知識能力）。

### 1．推理能力評估

推理能力評估的實施步驟如下。

（1） 場景使用者準備 100 個業務場景的任務類問題。

（2） 將上述問題集作為輸入提交給候選的 1 個或多個大型模型，得到回應答案集。

（3） 讓 GPT-4 針對各個候選大型模型的答案進行評分（滿分為 10 分），計算總分。

（4） 人工抽樣一部分問題，針對各個候選大型模型的答案進行評分（滿分為 10 分），計算總分。

（5） 將 GPT-4 和人工抽樣兩部分的總分加起來得到一個每個大型模型的總分，將大型模型按照總分從高到低進行排序。

（6） 基於排序，可得到各個大型模型在特定業務場景下的表現。

評級推理大型模型推理能力結構圖（AIGCLINK 繪製）如圖 4-7 所示。

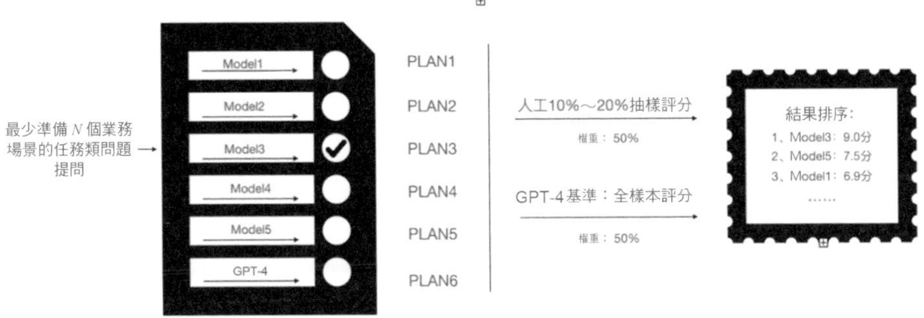


▲ 圖 4-7 評級推理大型模型推理能力結構圖（AIGCLINK 繪製）

## 2．知識能力評估

知識能力評估的實施步驟如下。

（1） 場景使用者準備 100 個業務場景的知識類問題。

（2） 將上述問題集作為輸入提交給候選的 1 個或多個大型模型，得到回應答案集。

（3） 讓 GPT-4 針對各個候選大型模型的答案進行評分（滿分為 10 分），計算總分。

（4） 人工抽樣一部分問題，針對各個候選大型模型的答案進行評分（滿分為 10 分），計算總分。

（5） 將 GPT-4 和人工抽樣兩部分的總分加起來得到一個每個大型模型的總分，將大型模型按照總分從高到低進行排序。

（6） 基於排序，可得到各個大型模型在特定業務場景下的表現。

評級推理大型模型知識能力結構圖（AIGCLINK 繪製）如圖 4-8 所示。

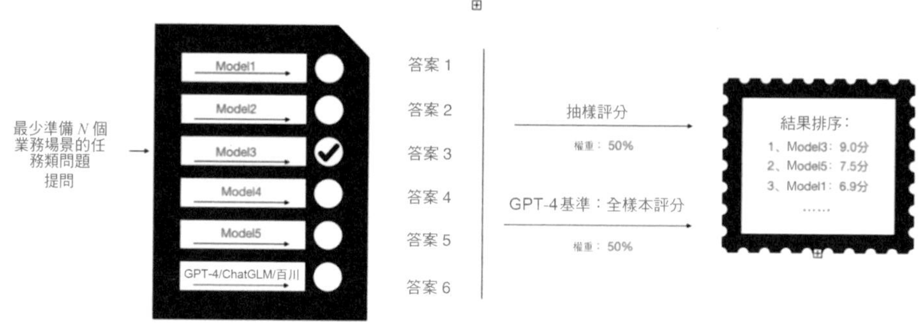


▲ 圖 4-8 評級推理大型模型知識能力結構圖（AIGCLINK 繪製）

## 4.5.2 持續改進

### 1．線上學習與即時回饋

資料收集：持續收集使用者與模型互動的資料。

即時微調：模型根據新收集的資料進行即時或定期微調。

### 2．錯誤分析與改進

錯誤分析：對模型錯誤進行分類和分析。

改進計畫：根據錯誤分析結果制訂改進計畫，並在下一次微調中實施改進計畫。

### 3．模型更新與版本控制

版本管理：每次微調或改進後，都應儲存模型的新版本。

A/B 測試：透過 A/B 測試來評估不同版本模型的性能。

### 4．社群與開放原始碼貢獻

跟進最新研究：持續關注相關領域的最新研究和開放原始碼專案。

社群參與：透過社群參與獲取更多的回饋和改進意見。

透過模型評估與持續改進，可以確保 Llama 2 大型模型在多輪對話任務中的性能不斷提高，同時能更進一步地適應不斷變化和發展的實際應用需求。

## 4.6 適合 Llama 2 大型模型多輪對話的 prompt 建構

Meta 開放原始碼的 Llama 2 大型模型受到了廣泛的關注和好評，然而在 Meta 官方舉出的使用說明中，並沒有針對 Llama 2 大型模型多輪對話使用方法的特別說明，很多人在實際使用 Llama 2 大型模型進行推理以實現多輪對話時通常不能獲得很好的效果。本節將重點介紹適合 Llama 2 大型模型多輪對話的 prompt 建構。

該建構方法源於 ChatGLM，在執行 ChatGLM 多輪對話時，需要將歷史資訊拼接到輸入中，以供模型在生成文字時計算歷史 token 與當前 query 之間的互動：

```
Plaintext
# ChatGLM 中對話 prompt 的產生
 prompt = ""  for i, (old_query, response) in
enumerate(history_input):
 prompt += "[Round {}]\n 問：{}\n 答：{}\n".format(i, old_query,
response)
 prompt += "[Round {}]\n 問：{}\n 答：".format(len(history_input),
query_input)
```

如果使用 Llama 2 大型模型進行對話，則也應該有這樣一套範本，與訓練過程中的對話形式相匹配，以下介紹圍繞此內容展開。

### 1 · prompt 的正確形式

根據 Meta 官方舉出的使用說明，在對話時，使用者所提供的 prompt 應當具有以下形式：

```
Plaintext
<s>
[INST]
<<SYS>>
{{ system_prompt }}
<</SYS>>
{{ user_message }}
[/INST]
</s>
```

其中，<s>、</s>、<<SYS>>、<</SYS>>、[INST] 及 [/INST] 是特殊 token，標記著 prompt 中各個部分的組成；{{ system_prompt }} 部分是整個對話中的通用首碼，一般用來對模型進行角色設定、對話背景說明；{{ user_message }} 部分是使用者 query 的資訊，可以視為多輪對話中一輪對話的內容。

下面是一個範例：

```
Plaintext
<s>                                                # 第一輪對話開始
[INST]
<<SYS>>
  You are are a helpful... bla bla.. assistant     # 對話背景說明
<</SYS>>
  Hi there!                                        # 使用者第一輪的 query
[/INST]
  Hello! How can I help you today?                 # 大型模型回答
</s>                                               # 第一輪對話結束

<s>                                                # 第二輪對話開始
[INST]
  What is a neutron star?                          # 使用者第二輪的 query
[/INST]
  A neutron star is a ...                          # 大型模型回答
```

```
</s>                                    # 第二輪對話結束

<s>                                     # 第三輪對話開始
[INST]
  Okay cool, thank you!                 # 使用者第三輪的 query
[/INST]
```

當將這個整體作為 prompt 輸入模型去進行文字生成時，模型的輸出應該是類似於 "You're welcome!" 的話。

（1） 每組 <s> 和 </s> 之間是一個相對完整的單元，可以視為一輪對話（如果直接舉出一個文字作為輸入，那麼也可以看到模型的輸入結果分別是以上述第二輪和第三輪對話序列的 start token 和 end token 作為結尾的）。

（2） [INST] 和 [/INST] 用於區分在當前這一輪對話（歷史）中使用者輸入的部分與模型返回的部分。位於 [INST] 之後、/[INST] 之前的文字是使用者在這一輪對話中的 query，而 /[INST] 之後的文字是模型針對這一 query 所做出的回答。

（3） 在對話的第一個單元中，可以提供整個對話的背景資訊，並以 <<SYS>> 和 <</SYS>> 作為特殊 token，位於它們之間的是對話背景說明。

（4） 需要額外注意，有些特殊 token 與文字之間是有空格的，不要遺漏。

## 2．效果測試

為了驗證 prompt 是否有效，我們做一個簡單的實驗，場景是詢問經濟相關的問題。

（1） 假設 Llama 2 大型模型是一個經濟學家，以此作為背景：

```
Plaintext
You are an economist, and I want you to answer some questions about
some economic crisis.
```

（2） 提供一輪對話歷史：

```SQL
What were the phenomena of the 2008 economic crisis?- The 2008
economic crisis was a global financial crisis with far-reaching
impacts involving multiple countries and economic sectors. Some of
its main phenomena included the bursting of the housing bubble, the
collapse of financial institutions, the global stock market crash,
credit crunch, soaring unemployment rates, and the onset of a global
economic recession, leading to the need for government interventions
to stabilize the economy and financial systems
```

（3） 提供新一輪對話的 query：

```Plaintext
What were its impacts that are still prominent today?
```

注意，在這裡我們沒有使用 The 2008 economic crisis，而直接用 its 進行指代。

（4） 根據前文介紹的 prompt 的正確形式，可以將當前輪輸入模型進行文字生成的完整 prompt 構造如下：

```Plaintext
text = """<s>[INST] <<SYS>>You are an economist, and I want you to
answer some questions about some economic crisis.<</SYS>>

What were the phenomena of the 2008 economic crisis?
[/INST]
The 2008 economic crisis was a global financial crisis with far-
reaching impacts involving multiple countries and economic sectors.
Some of its main phenomena included the bursting of the housing
bubble, the collapse of financial institutions, the global stock
market crash, credit crunch, soaring unemployment rates, and the
onset of a global economic recession, leading to the need for
government interventions to stabilize the economy and financial systems.
</s>
<s>
```

```
[INST] What were its impacts that are still prominent today?
[/INST]"""
```

（5）經過 generate（生成參數為 {"max_length": 4096, "num_beams": 3, "temperature": 0.9}）及解碼之後，模型輸出結果如下：

```
Plaintext
"<s><s> [INST] <<SYS>>\nYou are an economist, and I want you to
answer some questions about some economic crisis. \n<</SYS>>\n\nWhat
were the phenomena of the 2008 economic crisis?  [/INST] The 2008
economic crisis was a global financial crisis with far-reaching
impacts involving multiple countries and economic sectors. Some of
its main phenomena included the bursting of the housing bubble, the
collapse of financial institutions, the global stock market crash,
credit crunch, soaring unemployment rates, and the onset of a global
economic recession, leading to the need for government interventions
to stabilize the economy and financial systems.</s><s> [INST] What
were its impacts that are still prominent today?  [/INST]  Great
question! Some of the impacts of the 2008 economic crisis that
remain prominent to this day include fiscal and monetary policies,
government debt issues, financial regulatory reforms, economic
growth volatility, globalization and trade challenges, and income
and wealth inequality exacerbation. These impacts indicate the
lasting effects of the 2008 crisis on the global economy and
financial system. However, it's worth noting that the global
economic and political landscape continues to evolve, and some
impacts may have changed over time.</s>"
```

由此可以看出，模型的對話效果還是不錯的，可以比較好地回答當前輪對話中 2008 年的經濟危機對今天的影響這個問題。

MEMO

# 5 基於 Llama 2 訂製行業大型模型

在過去的幾年裡，以 GPT-3、BERT 和 Transformer 為代表的大型模型獲得了巨大的突破，在 NLP、影像辨識、推薦系統等領域展現出了強大的性能。然而，要充分利用這些大型模型，將其應用於解決特定行業的問題，需要對其進行訂製化。下面舉例說明為什麼訂製行業大型模型如此重要。

### 1．醫療診斷

在醫療領域，醫生需要根據患者的症狀、病歷和檢查報告進行診斷。一個通用的大型模型可能會在一些常見疾病的診斷中表現出色，但當涉及特定疾病、罕見病例或不同人群時，其性能可能會下降。透過利用醫療領域的資料訂製大型模型，可以提高其對特定疾病診斷的準確性。舉例來說，研究人員可以基於大量的放射影像資料和臨床報告，訓練一個訂製化的肺部腫瘤診斷模型，以幫助醫生更準確地檢測和診斷肺癌。

### 2．零售推薦系統

線上零售商正在不斷努力提升使用者體驗，其中零售推薦系統造成了關鍵作用。然而，不同行業的使用者，其購買行為和興趣可能存在巨大差異，一個通用的推薦模型可能無法捕捉到這些差異，導致推薦效果不佳。透過分析使用者瀏覽歷史、購買記錄及行業特定商品的連結，可以訂製零售推薦系統，提供給使用者更符合其興趣和需求的產品推薦。舉例來說，運動鞋領域的零售推薦系統可以根據使用者過去的運動類型、品牌偏好和顏色喜好，為使用者推薦最合適的運動鞋款式。

### 3．金融風控

金融機構在進行風險評估時需要用準確的模型來預測違約、詐騙等情況。然而，不同類型的金融產品（如信用卡、個人貸款、商業貸款）具有不同的風險特點，一個通用的金融風控模型可能無法極佳地適應這些差異。透過分析歷史交易資料、申請資訊和詐騙案例，可以訂製金融風控模型，使其能夠更準確地判斷不同類型的風險。舉例來說，在個人貸款領域，可以訓練一個訂製化的模型，綜合考察每個申請人的收入、債務情況和工作穩定性，以便更進一步地預測其違約機率。

以上例子凸顯了訂製行業大型模型的重要性。不同行業的資料特點和問題需求決定了沒有適用於所有行業的通用模型。透過將模型與行業資料深度融合，我們可以創造出更精確、更可靠的問題解決方案，以更進一步地實現業務目標。

本章將深入探討如何在不同階段實現訂製行業大型模型的目標，包括業務資料分析指導行業大型模型訂製、行業資料的獲取與前置處理、Llama 2 大型模型匯入初始化、微調獲得行業特定大型模型、模型評估和最佳化等。透過這些步驟，能夠將大型模型的作用發揮到極致，為行業創造出更高的價值。

# 5.1 業務資料分析指導行業大型模型訂製

前文中強調了訂製行業大型模型在不同應用領域中的重要性。本節將深入研究如何基於已有的業務資料分析訂製行業大型模型，透過豐富的實際案例來加深理解。

## 5.1.1 行業大型模型的訂製策略

### 1．確定核心業務目標

確定核心業務目標是制定行業大型模型的基礎。核心業務目標可能是提高使用者滿意度、降低成本、增加收入等。

### 2．深入了解業務流程和使用者需求

在選擇應用場景時，需要深入了解業務流程和使用者需求。從業務流程中找到可以應用大型模型的環節，考慮大型模型如何幫助人們解決實際問題。舉例來說，對於 2B 市場，供應鏈需求預測是應用大型模型的重要環節。透過訂製行業大型模型，企業可以更準確地預測使用者需求，避免發生庫存過剩和缺貨情況。

### 3．確定適用人群的特點和需求

確定適用人群的特點和需求是訂製行業大型模型的關鍵。在 2C 市場中，確定適用人群的特點和需求要考慮使用者的個人偏好、行為習慣、年齡、性別等因素。舉例來說，社交媒體平臺可以訂製情感分析模型，以便使用者更進一步地了解自己在社交媒體平臺上的情感表達方式。

### 4．利用先進技術實現模型能力

選擇適當的模型能力是精準訂製行業大型模型的關鍵，可以考慮利用已有的先進技術，如 NLP、電腦視覺、強化學習等實現模型能力。舉例來說，2B 市場中的客戶服務，可以使用 NLP 模型為客戶提供快速且準確的問題解答。

### 5．預測未來的需求並考慮擴充性

在訂製行業大型模型時，要預測未來的需求和發展方向。由於行業和市場都在不斷變化，因此模型應具備一定的擴充性。舉例來說，在 2C 市場中，一個電子商務平臺可以透過訂製行業大型模型預測使用者的購買趨勢，幫助企業更進一步地進行庫存規劃。

以下是一些常見的應用場景和參考解決方案。

（1） 訂製化 B2B 應用場景：供應鏈需求預測。

問題描述：供應鏈需求預測是應用大型模型的重要環節，如何透過訂製大型模型精準地預測不同產品的需求，以避免發生庫存過剩和缺貨情況？

參考解決方案：基於歷史銷售資料、季節性因素、市場趨勢等訂製大型模型可以預測未來各產品的需求。此外，訂製大型模型還可以考慮天氣、促銷活動等外部因素的影響。

（2） 訂製化 B2B 應用場景：智慧客戶服務。

問題描述：企業需要為客戶提供高效且準確的客戶服務，以提高客戶滿意度，如何訂製大型模型，以實現智慧客戶服務？

參考解決方案：基於客戶諮詢歷史、問題類型等訂製大型模型可以實現智慧客戶服務。可以使用 NLP 技術建構問答系統，使大型模型快速回答客戶的問題。訓練大型模型辨識不同類型的問題，可以使大型模型向客戶提供準確且個性化的解答，從而提升客戶體驗。

（3） 訂製化 B2C 應用場景：情感分析社交媒體資料。

問題描述：社交媒體平臺希望了解使用者在平臺上的情感表達方式，以提供更好的使用者體驗，如何訂製大型模型，以分析使用者的情感傾向？

參考解決方案：基於大量的使用者文字資料訂製大型模型可以進行情感分析。可以使用預訓練的 NLP 模型，如 BERT，將文字轉為向量表示形式，並進行情感分類。透過分析使用者在社交媒體平臺上的發文、評論等，大型模型可以判斷使用者的情感狀態，從而更進一步地滿足使用者需求。

（4） 訂製化 B2C 應用場景：電子商務平臺購物推薦。

問題描述：電子商務平臺需要根據使用者的興趣和偏好為其推薦個性化的商品，以提高銷售量，如何訂製大型模型，以實現精準的購物推薦？

參考解決方案：基於使用者的歷史購物記錄、點擊行為和偏好資料等訂製大型模型可以實現精準的購物推薦。大型模型可以利用協作過濾、矩陣分解等方法分析使用者之間的連結性，從而為使用者推薦與其興趣相關的商品。此外，大型模型還可以考慮時下流行趨勢、商品的熱度等因素，提供給使用者有價值的購物建議。

（5） 訂製化 B2C 應用場景：個性化健康管理應用。

問題描述：在健康管理領域，使用者的健康需求和習慣各不相同，如何基於個人的生活習慣、疾病狀況等訂製大型模型，以提供給使用者個性化的健康管理建議？

參考解決方案：使用者的個人資料（如體重、血壓、運動頻率等）可以用於訂製大型模型。大型模型可以利用這些資料預測使用者的健康狀況、風險因素，以及為使用者推薦合適的飲食、運動計畫等。舉例來說，對於一個糖尿病患者，大型模型可以根據其血糖記錄為其推薦合適的飲食和藥物管理策略，以維持其血糖穩定。

本節透過深入的方法論和實際案例，詳細論述了如何根據業務資料分析明確行業大型模型的應用場景、適用人群和模型能力等。各個領域的行業大型模型訂製都應該基於充分的資料分析和使用者需求，只有這樣才能達到最佳效果。

## 5.1.2 模型性能的評估

訂製行業大型模型的性能目標與評價指標是確保模型在實際應用中取得良好效果的關鍵。

### 1．設定明確的性能目標

在設定性能目標時，需要明確模型應該在實際應用中取得的效果。性能目標應與業務需求緊密匹配，如準確預測糖尿病患者的血糖水平或精準推薦使用者感興趣的商品。

### 2．選擇合適的評價指標

選擇合適的評價指標是衡量模型性能的關鍵。評價指標應反映出模型在實際應用中的表現。不同領域可能需要不同的評價指標，如分類問題可能關注準確率、召回率等，生成任務可能關注 BLEU、ROUGE 等。

### 3．使用實際資料集進行評估

在性能目標和評價指標確定以後，應使用實際資料集對模型性能進行評估。這樣可以更真實地反映模型在實際應用中的性能，避免產生過於理想化的結果。

### 4．採用交叉驗證、留出法等評估方法

採用交叉驗證、留出法等評估方法可以更全面地評估模型性能。這些方法可用於評估模型在不同資料子集上的穩定性和泛化能力。

### 5．考慮業務成本和風險

在設定性能目標和選擇評價指標時，還應考慮業務成本和風險。舉例來說，在金融領域的風控模型中，要綜合考慮準確預測違約的能力和誤判健康客戶的成本。

下面展示一些實例及對應的性能目標與評價指標。

（1）銀行行業中的風險評估模型。

性能目標：銀行需要準確評估客戶的信用風險，以降低壞賬率。

評價指標：主要包括準確率、召回率和 F1 分數，以及 ROC 曲線下面積（AUC-ROC）。

（2） 醫療影像診斷模型。

性能目標：醫療影像診斷模型需要準確地檢測出病變和異常情況，輔助醫生做出準確的診斷。

評價指標：主要包括準確率、召回率、F1 分數和區分度指標（Dice 係數）。

（3） 社交媒體情感分析模型。

性能目標：社交媒體情感分析模型需要準確判斷使用者的情感狀態，以提供更好的使用者體驗。

評價指標：主要包括準確率、召回率、F1 分數，以及情感分類的混淆矩陣。

（4） 零售推薦系統。

性能目標：零售推薦系統需要為使用者推薦其感興趣的商品，以提高使用者購買轉換率。

評價指標：一般包括點擊率（Click-Through Rate，CTR）、轉換率（Conversion Rate，CVR），以及推薦結果的平均準確率（Mean Average Precision，MAP）等。

（5） 製造行業中的品質控制模型。

性能目標：製造行業需要準確預測產品的品質問題，降低次品率。

評價指標：一般包括準確率、召回率、F1 分數，以及準確率 - 召回率曲線下面積（AUC-PR）。

（6） 自然語言生成模型。

性能目標：自然語言生成模型需要生成準確、流暢的自然語言文字。

評價指標：主要包括 BLEU、ROUGE 等自然語言生成任務的專有評價指標，以及人工評價指標。

本節透過詳細的論述和實際案例，深入探討了如何基於已有的業務資料分析訂製行業大型模型。5.2 節將討論行業資料的獲取與前置處理的步驟，為訂製行業大型模型打下堅實的基礎。

## 5.2 行業資料的獲取與前置處理

資料的品質和數量對於訓練行業大型模型至關重要。然而，行業資料的獲取與前置處理可能會面臨資料數量不足、資料異質性、資料品質良莠不齊等挑戰。讀者可以參考以下方法獲取並前置處理行業資料，以支援行業大型模型的訓練。

### 5.2.1 資料獲取

（1） 內部資料整合。

整合內部資料，包括歷史記錄、使用者行為、交易資料等。這些資料可能儲存在不同的部門或系統中，需要進行清洗和整合。

- 結構化資料：獲取資料庫、資料倉儲中儲存的結構化資料。
- 半結構化資料：獲取企業內部系統與工作流產生的半結構化日誌、文件等。
- 非結構化資料：獲取郵件、合約、記錄等非結構化文字資料。
- 多源異質資料整合：對不同系統、不同格式的資料進行清洗、映射、融合。

（2） 外部資料獲取。

從公開資料來源、第三方資料提供商等處獲取外部資料，如社交媒體資料、市場趨勢資料等，豐富模型的資料來源。

- 公開信息：透過公開網站、公告等通路獲取資料。
- 社交媒體資料：獲取相關社交媒體平臺的公開資料、分析觀點。

- 第三方資料平臺：購買獨家的資料集或 API 存取資料。
- 爬蟲擷取資料：使用網路爬蟲定向擷取相關文字、評論、評價資料。

（3） 眾包資料收集。

借助眾包平臺，如 Amazon Mechanical Turk，收集人工標注的資料，用於模型訓練和性能評估。

- 人工標注資料：在眾包平臺發佈資料標注任務。
- 現場調研資料：線下進行專業領域的調研、訪談、錄音等。
- 競賽獲取資料：舉辦資料標注競賽以獲取高品質資料。

（4） 由 GPT 等更高級的大型模型生成相關領域的問答資料。

## 5.2.2 資料前置處理

資料前置處理是指在訓練模型之前對原始資料進行清洗、標準化和規範化等處理，讓資料變得乾淨、統一、可用。這一步非常重要，會直接影響模型效果。

### 1．資料清洗

進行資料清洗是為了解決資料重複、缺失、錯誤等問題，確保資料品質。在使用文字資料時，可能需要去除雜訊、特殊字元等。

- 辨識並刪除重復資料、空資料等無效記錄，減少訓練雜訊資料。
- 對遺漏值進行插值或直接刪除，缺失資料也可能帶來隱含資訊。
- 檢測並糾正資料格式錯誤，如日期、貨幣等資料格式不統一的問題。
- 清除文字中的無資訊停用詞，以及無關內容，如廣告等雜訊資料。

### 2．資料標準化和規範化

對資料進行標準化和規範化，使不同特徵之間具有可比性，以便於模型學習。

- 將文字資料統一轉為小寫或 ASCII 格式，將數位和日期等格式化。
- 對位址、姓名等欄位進行規範化，映射為標準形式。
- 對文字進行清洗和規範化，以提高其品質。
- 對數位特徵進行歸一化，映射到相同範圍，以便於模型學習。

### 3．特徵工程

根據領域知識，建構適用於模型的特徵。舉例來說，對於 NLP 任務，可以提取詞頻、句法結構等特徵。

- 根據任務提取有效特徵，文字資料可以建構詞向量、詞性、TF-IDF 等特徵。
- 利用領域知識進行特徵構造，捕捉關鍵資訊。
- 進行特徵選擇，移除容錯和不相關特徵。

### 4．資料採樣和平衡

對於不平衡的資料集，可以採用欠採樣、過採樣等方法使不同類別的樣本數平衡，避免模型偏向於數量較多的類別。

- 對類別不平衡的資料進行欠採樣、過採樣，以使其達到平衡。
- 批次內動態平衡樣本，防止模型過度擬合某個類別。

需要特別注意的是，在獲取和使用資料的過程中，務必牢記資料安全、隱私安全及智慧財產權的重要性。

合法、符合規範地獲取資料是保護個人隱私和企業利益的基本原則，必須遵守相應的資料保護法律法規、尊重使用者的隱私權、明確資料使用的目的，並獲得必要的授權。同時，要避免透過不正當手段及通路獲取和使用資料，以免觸碰法律紅線，導致法律風險和聲譽損害。保護資料的合法性、安全性和隱私性，將為模型的建構與應用提供可持續的支援，使模型更加穩健和可靠。

以下是一些具體參考案例。

（1） 金融領域的風險評估模型。

資料獲取：內部整合歷史貸款記錄、還款情況、客戶資訊，外部擷取經濟指標、市場資料。

資料前置處理：清洗資料以去除遺漏值，標準化貸款金額、收入等特徵，建構特徵表示客戶信用歷史。

（2） 醫療影像診斷模型。

資料獲取：結合公開的醫療影像資料集，擷取醫院內部的 X 射線影像、MRI 圖像資料。

資料前置處理：對影像進行裁剪、大小歸一化，可採用資料增強技術增加樣本，如旋轉、翻轉。

（3） 社交媒體情感分析模型。

資料獲取：從社交媒體平臺中擷取使用者發文、評論等文字資料。

資料前置處理：清洗文字資料，去除特殊字元、表情符號等，將文字轉為詞向量表示形式。

（4） 零售推薦系統。

資料獲取：收集使用者的購買記錄、點擊行為、瀏覽歷史等資料。

資料前置處理：對購買記錄和點擊行為進行標準化，建構使用者 - 商品矩陣。

（5） 製造業品質控制模型。

資料獲取：收集不同批次產品的品質測試資料，包括尺寸、品質等。

資料前置處理：對資料進行歸一化，可使用資料採樣平衡正負樣本，建構特徵表示產品品質。

（6） 文字類生成模型。

資料獲取：收集中英文的文字資料，包括新聞文章、社交媒體發文等。

資料前置處理：清洗文字資料，分詞，去停用詞，建構詞向量。

透過以上方法論和實際案例，我們詳細論述了如何獲取與前置處理行業資料，為行業大型模型的訓練做好了資料準備。5.3 節將討論模型的建構與訓練，以及模型性能的最佳化。

## 5.3 Llama 2 大型模型匯入初始化

在訂製行業大型模型時，選擇適合的預訓練大型模型是至關重要的。下面將詳細介紹如何在預訓練大型模型選擇過程中充分考慮語言能力、最大文字長度處理、多語言解碼效率、硬體規格、訓練時間及推理速度等因素，以確保最終的行業大型模型能夠滿足行業需求。

（1） 語言能力：深入考慮模型在語言方面的表現。

在選擇預訓練大型模型時，首先要考慮的是模型在語言處理方面的能力。確保模型具備豐富的詞彙知識及語法理解和語義推理能力，對於行業大型模型的性能至關重要。在評估語言能力時，可以參考模型在標準 NLP 任務（如問答、文字分類和生成任務）中的表現。

（2） 最大文字長度處理：滿足行業需求的文字長度。

行業大型模型通常需要處理較長的文字，因此最大文字長度處理能力是重要的考慮因素。選擇支持的文字長度更大的預訓練大型模型，有助滿足行業特定任務的需求。考慮到文字長度，還需要確保訓練和推理階段的硬體規格足夠強大，以提高模型效率。

（3） 多語言解碼效率：考慮行業的國際化需求。

對於需要處理多種語言的行業大型模型，多語言解碼效率至關重要。選擇能夠高效解碼不同語言的預訓練大型模型，可以提高國際化應用的效能。預訓練大型模型應具備多語言訓練資料，以便更進一步地理解和生成不同語言的文字。

（4） 硬體規格：保障訓練和推理性能。

硬體規格對於模型訓練至關重要，要確保電腦或雲端服務器具備足夠的記憶體、處理器性能和顯示卡資源，以支援模型的訓練和推理。考慮透過分散式訓練和加速計算硬體來提高模型效率。

（5） 訓練時間：平衡資源與進度。

訓練模型可能需要較長的時間，因此需要權衡可接受的訓練時間與模型性能之間的關係，根據專案進度和資源限制，選擇合適的預訓練大型模型，還可以考慮遷移學習等方法，以減少訓練時間。

（6） 推理速度：提供即時性能。

此外，還要考慮模型的推理速度。如果行業大型模型需要快速回應使用者請求或進行即時推理，那麼在選擇預訓練大型模型時應關注其推理速度。可以透過最佳化模型結構、使用硬體加速和快取技術來提高推理速度。

綜合考慮以上因素，選擇合適的預訓練大型模型是訂製行業大型模型的關鍵步驟。仔細考慮每個因素，確保行業大型模型能夠滿足行業需求，同時保持訓練和推理的高效性能，將為訂製行業大型模型專案奠定堅實的基礎，提高行業大型模型在實際應用中成功的機率。

在中文方面，我們本次選擇 Llama 中文社區提供的基於 Llama 2 繼續預訓練、研發的 Atom-7B 模型，其在未來會持續更新迭代。

進入 Llama 中文社區頁面，如圖 5-1 所示，按一下左側的「資源下載」即可獲取 Atom-7B 模型。

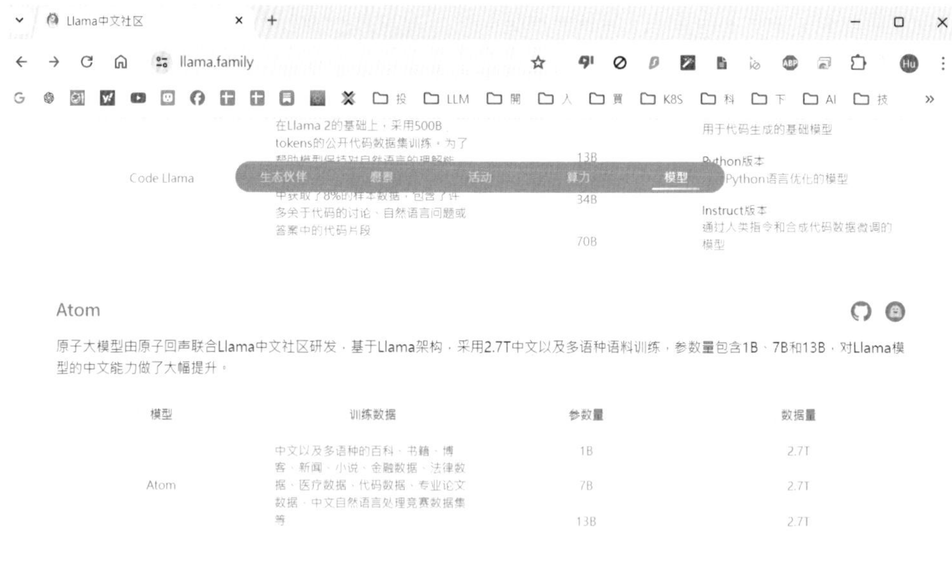


▲ 圖 5-1 Llama 中文社區頁面 ( 編按：本圖例為簡體中文介面 )

下載好模型後，按照第 2 章介紹的模型部署方法進行部署即可。

## 5.4 微調獲得行業特定大型模型

微調是一種常用的技術，用於根據特定任務或行業需求調整預訓練大型模型。這樣做的優勢在於，預訓練大型模型通常已經在大量資料上進行了訓練，因此具有很好的泛化能力。透過微調，預訓練大型模型可以更精確地適應特定的應用場景。

## 5.4.1 領域預訓練

為了使 Llama 2 大型模型在某個行業 / 領域（如心理學領域）取得更好的表現，我們可以先對 Llama 2 大型模型進行領域預訓練。具體做法是，將心理學相關的語料庫（如心理學論文、心理諮詢對話等）作為訓練資料，對 Llama 2 大型模型進行預訓練。這樣，Llama 2 大型模型就能學習到心理學領域的專有知識和術語，為後續的微調打下基礎。

如果沒有相關的預訓練資源，那麼我們可以直接選擇 Llama 中文社區中的中文預訓練版 Llama2-7B 模型，下載並進行後續的微調，如圖 5-2 所示。

▲ 圖 5-2 中文預訓練版 Llama2-7B 模型獲取

Llama 中文社區提供了 Llama 2 大型模型的預訓練程式，以及中文測試語料，更多資料可以參考中文測試語料。

## 5.4.2 微調策略

以心理諮詢行業為例，為了實現 Llama 2 大型模型在心理學任務上的微調，可以採用以下幾種策略。

（1） 知識蒸餾。將預訓練大型模型知識遷移到微調任務中，透過訓練一個較小的模型來繼承大型模型的知識。

（2） 資料增強。透過對原始資料進行改造，生成新的訓練樣本，從而提高大型模型的泛化能力。

（3） 多工學習。同時進行多個相關任務的訓練，使大型模型在各個任務上都取得較好的表現。

本節的心理諮詢大型模型透過知識蒸餾和 LoRA 微調實現。

### 1．知識蒸餾

知識蒸餾是一種將複雜模型的知識遷移到簡化模型中的技術。在生成心理諮詢問答對方面的應用中，可以利用知識蒸餾來提高模型效率，同時保持諮詢問答的品質和準確性。

這種方法的基本思想是，先使用一個較大、較複雜的模型（如 GPT-4）生成高品質的問答對，然後將這些問答對作為訓練資料，對一個簡化模型（如 GPT-3.5）進行知識蒸餾。簡化模型學習到複雜模型的知識和模式後，具有更快的推理速度和更小的儲存空間。

知識蒸餾可以幫助簡化模型更進一步地理解心理諮詢問題，並生成更具針對性和更合適的回答。這樣即使在資源受限或需要快速回應的情況下，模型也能夠提供高品質的心理諮詢支援。

下面基於 GPT-3.5 生成心理諮詢問答對。

Prompt: 你充當一位資深心理諮詢師，請生成 20 個常見的心理諮詢問題和回答，用於大型模型的微調。問答對以 <s>Human: {問題}\n<s><s>Assistant: {回答}\n<s> 形式呈現，如圖 5-3 所示。

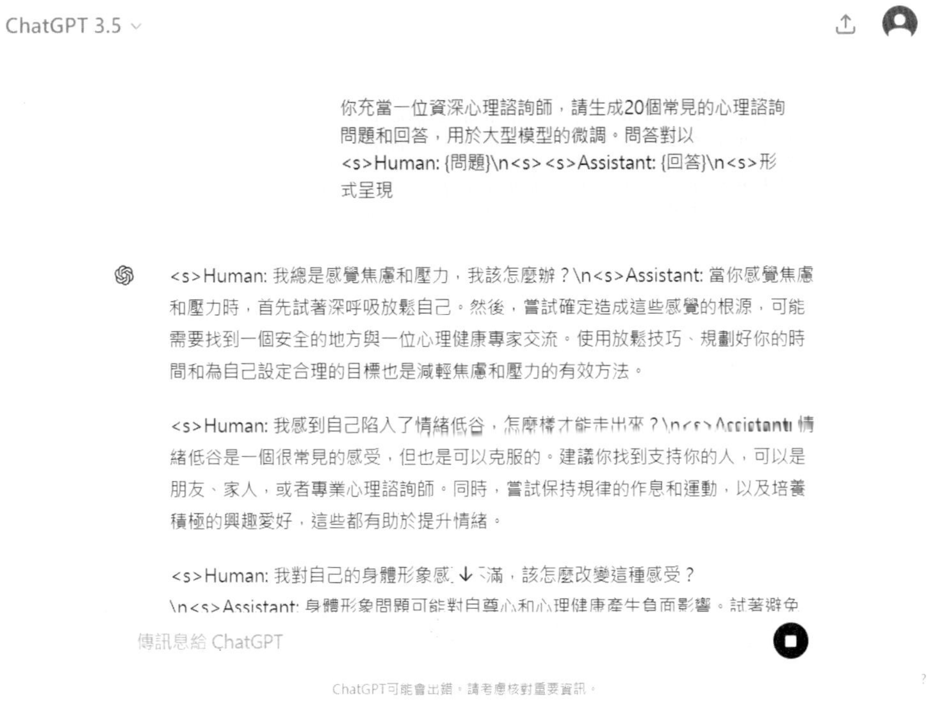

ChatGPT 3.5

你充當一位資深心理諮詢師，請生成20個常見的心理諮詢問題和回答，用於大型模型的微調。問答對以<s>Human: {問題}\n<s> <s>Assistant: {回答}\n<s>形式呈現

<s>Human: 我總是感覺焦慮和壓力，我該怎麼辦？\n<s>Assistant: 當你感覺焦慮和壓力時，首先試著深呼吸放鬆自己。然後，嘗試確定造成這些感覺的根源，可能需要找到一個安全的地方與一位心理健康專家交流。使用放鬆技巧、規劃好你的時間和為自己設定合理的目標也是減輕焦慮和壓力的有效方法。

<s>Human: 我感到自己陷入了情緒低谷，怎麼樣才能走出來？\n<s>Assistant: 情緒低谷是一個很常見的感受，但也是可以克服的。建議你找到支持你的人，可以是朋友、家人，或者專業心理諮詢師。同時，嘗試保持規律的作息和運動，以及培養積極的興趣愛好，這些都有助於提升情緒。

<s>Human: 我對自己的身體形象感↓滿，該怎麼改變這種感受？\n<s>Assistant: 身體形象問題可能對自尊心和心理健康產生負面影響。試著避免

傳訊息給 ChatGPT

ChatGPT可能會出錯。請考慮核對重要資訊。

▲ 圖 5-3 知識蒸餾生成行業相關資料

針對非心理相關問題，我們對資料進行人工標注。

首先，人工標注可以確保資料的準確性和可信度。標注人員可以根據特定問題的背景和要求準確地標注資料，避免模型學習到錯誤或誤導性資訊。

其次，人工標注可以保證資料的一致性。透過舉出針對特定問題的標準答案、制定標注規則、明確邊界情況等，可以指導標注人員正確理解和標注資料。在標注過程中建立明確的標準和規則，可以確保不同標注人員的標注結果一致，從而提高資料的品質和可靠性。

在進行人工標注時，通常需要培訓標注人員，使其理解標注的目的、標準和規則。在標注過程中還可以採用多人標注、交叉驗證等方法，以確保資料的品質和可靠性。

針對非心理問題，人工標注範例如下：

```
Python
<s>System: 你是一個優秀的心理諮詢幫手，根據使用者的提問進行回答，回答要內容豐富，
能與使用者產生共情，並解答使用者的煩惱，可以適當地提問一些問題給使用者，非心理情感問
題，委婉的拒絕回覆 \n</s><s>Human: { 問題 }\n</s><s>Assistant: { 回答 }\n</s>
```

### 2．LoRA 微調

LoRA 微調相關原始程式碼可以在 GitHub 社區獲取，可獲取的內容包括：

- LoRA 微調指令稿。
- LoRA 微調的具體實現程式。

微調後的模型可透過基於 Gradio 架設的問答平臺（見 3.5.2 節）呼叫。

## 5.5 模型測試、評估和最佳化

至此，我們已經完成了初始的微調並對模型進行了初步的測試。接下來要透過持續的測試、評估和最佳化，確保模型的性能達到預期，並不斷地對模型進行改進。

在進行持續測試時，首先需要設計一個詳盡的測試計畫。這個測試計畫應該覆蓋模型的不同方面，包括但不限於輸入資料多樣性、邊緣情況處理、模型輸出合理性等。此外，還應該考慮到針對具體行業特點設計的測試用例，確保模型能夠適應該行業的典型場景。

### 1．設計詳盡的測試計畫

設計一個詳盡的測試計畫至關重要。在設計測試計畫時，需要考慮以下兩方面。

- 測試用例設計：覆蓋不同場景，要特別關注模型應用於特定行業的典型案例。舉例來說，對於醫療行業的大型模型，可以設計病歷記錄、疾病診斷、藥物處方等方面的測試用例。

- 性能測試：評估模型的回應時間、記憶體使用、輸送量等指標，以確保模型能夠在生產環境下穩定、高效率地運行。

## 2．持續監測模型性能

建立一個監測系統，定期收集模型性能資料，並分析這些資料的變化趨勢。對模型性能進行持續監測可以採用各種工具和方法，如監控模型的輸出日誌、分析模型的回應時間、觀察記憶體使用情況等。

## 3．定期評估模型性能

定期對模型性能進行評估是持續最佳化模型的關鍵，評估方法包括定量評估和定性評估。

- 定量評估：使用預先設定的評估指標（如準確率、召回率、F1 分數）對模型進行量化評估。舉例來說，在醫療行業中，可以評估模型輔助診斷的準確率，或評估模型舉出的藥物處方的正確性。
- 定性評估：邀請領域專家或實際使用者參與，評估模型的輸出是否符合實際需求、是否滿足行業專業標準。舉例來說，醫療行業的專家可以評估模型對病歷的解釋是否準確。

## 4．針對特定場景進行模型最佳化

根據評估的結果和回饋，針對特定場景進行模型最佳化。舉例來說，對於醫療行業的大型模型，可以最佳化模型對臨床試驗資料的處理，以提高模型在醫學研究領域的適用性。

## 5．引入使用者回饋

引入使用者回饋是非常重要的。使用者可以提供寶貴的資訊，幫助研究人員辨識模型的不足之處和潛在問題。舉例來說，在金融行業中，使用者可以回饋模型在預測市場走勢方面的準確性，以及模型對市場事件的應對能力。

### 6．迭代最佳化過程

以上步驟應該是一個不斷迭代的過程，即收集使用者回饋，分析評估結果，進行模型調整，再次進行測試，形成一個閉環。隨著模型應用場景的擴充和深化，這個迭代最佳化過程應該不斷地進行，以不斷提高模型的性能和適用性。

透過迭代最佳化過程，我們可以確保模型能夠在特定行業場景下保持優異的性能，滿足特定行業的需求。持續不斷地進行監測、評估和最佳化是確保模型在實踐中持續最佳化的關鍵。這個過程包括建構測試集、採用上次訓練最佳的模型進行測試、對測試結果進行評價、採用滿意的結果豐富訓練集、重新進行模型的微調，如圖 5-4 所示。

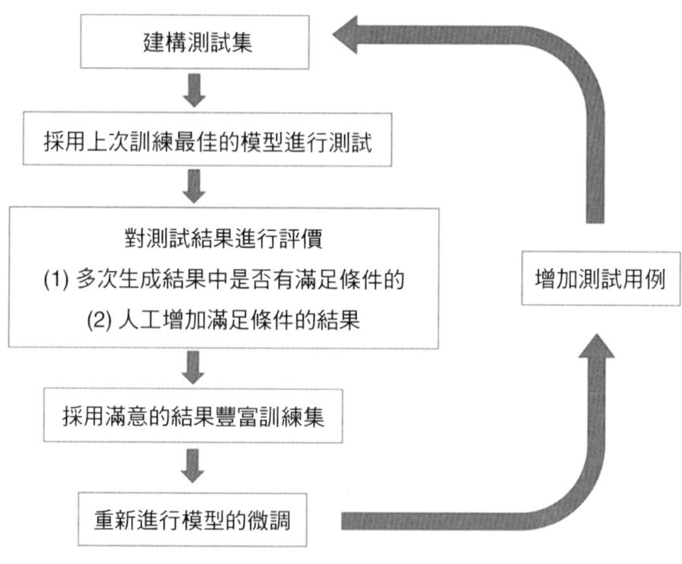


▲ 圖 5-4 最佳化過程

# 6 Llama 2 + LangChain 文件問答模型建構

本章將從理論入手，從零開始利用 Llama 2 和 LangChain 建構一個文件導向的問答模型。整個過程可分為以下幾個步驟。

（1） 理解 Llama 2 和 LangChain 的基本原理與功能。

（2） 介紹 LangChain 及其如何與 Llama 2 協作工作。

（3） 設定 LangChain 在各個平臺（如 Windows、macOS、Linux）上的運行環境。

（4） 使用 Llama 2 建立模型，隨後載入這個模型。

(5) 借助 LangChain 處理輸入的問題和文件內容。我們可以透過設定提示來設定並調整自訂提示。

(6) 運行問答模型，對於每個問題，它將為我們提供詳細的答案。

透過以上步驟，我們可以逐步建構並最佳化問答模型，使其能夠更有效地回答與文件內容相關的問題。

## 6.1 LangChain 介紹

大型模型（如 GPT 系列模型）在 AI 領域引發了技術革命。應用程式開發者利用這些大型模型進行各種嘗試，雖然已經開發出了許多有趣的應用，但單獨使用這些大型模型往往難以開發出功能強大的實用應用。

LangChain 透過將大型模型與其他知識庫、計算邏輯相結合，實現了更強大的 AI 應用。可以將 LangChain 視為開放原始碼版的 GPT 外掛程式，它提供了豐富的大型模型工具，可以在開放原始碼大型模型的基礎上快速增強大型模型的能力。

我們對 LangChain 進行了研究，並總結了一些重要內容。LangChain 的出現使語言技術的應用更加活躍多元，LangChain 有望在 AI 領域發揮重要作用，推動人們工作效率的變革。我們正處在 AI 應用爆發的前夜，積極擁抱新技術將為人們帶來全新的體驗。

## 6.2 LangChain 的主要概念與範例

LangChain 提供了一系列工具，可以幫助我們更進一步地使用大型模型。整體而言，這些工具可以分為以下 6 種類型。

- 模型（Models）：LangChain 支援的各種模型類型和模型整合。
- 提示（Prompts）：包括提示管理、提示最佳化和提示序列化。

- 索引（Indexes）：當索引與自己的文字資料結合使用時，大型模型往往更加強大。
- 記憶體（Memory）：記憶體是在鏈和代理呼叫之間保持狀態的概念。LangChain 提供了一個標準的記憶體介面、一組記憶體實現及使用記憶體的鏈 / 代理範例。
- 鏈（Chains）：鏈不僅包括單一大型模型呼叫，還包括一系列呼叫（如呼叫大型模型和呼叫不同的工具程式）。LangChain 提供了一個標準的連結口、許多與其他工具的整合，還提供了用於常見應用程式的點對點的鏈呼叫。
- 代理（Agents）：代理涉及大型模型做出行動決策、執行該行動、查看一個觀察結果，並重複該過程直到使用者提出的任務完成為止。LangChain 提供了一個標準的代理介面、一系列可供選擇的代理及點對點代理的範例。

LangChain 模組圖如圖 6-1 所示。

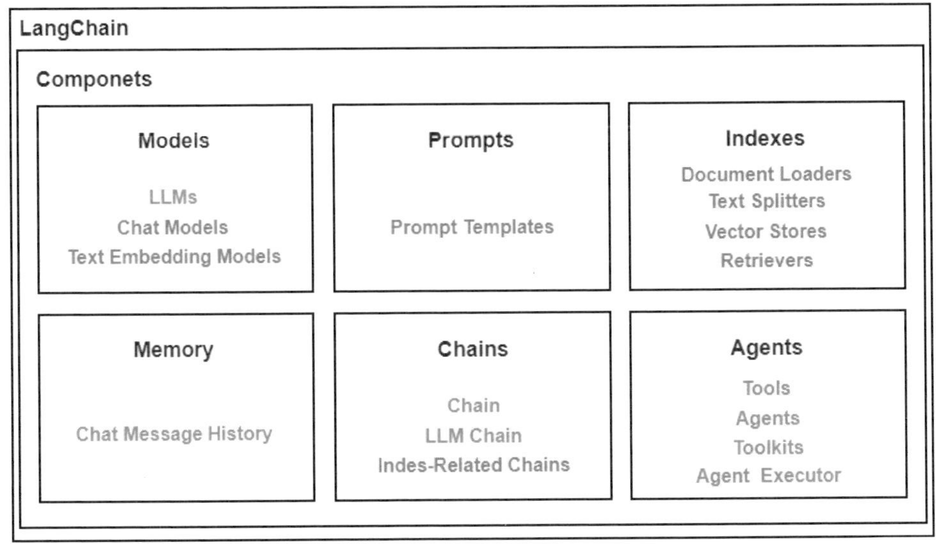


▲ 圖 6-1 LangChain 模組圖

## 6.2.1 模型

LangChain 的核心價值在於提供了標準的模型介面。我們可以自由地切換不同的模型，目前主要有兩種類型的模型可供選擇。然而，考慮到一般使用者的使用場景，我們以文字生成模型作為預設選擇。提到模型，大家通常會想到 ChatGPT。簡單來說，模型的作用就是生成文字內容。

### 1．語言模型

實現文字生成的語言模型主要有兩種。

- 通用語言模型：接收一個文字字串作為輸入，並返回一個文字字串作為輸出。
- 聊天模型：接收一條聊天訊息作為輸入，並返回一條聊天訊息作為輸出。

以下是使用 Python 撰寫的程式範例：

```
Plain Text
from langchain.llms import Openai
from langchain.chat_models import ChatOpenai
 ChatOpenaillm = Openai()
 chat_model = ChatOpenai()
 print(llm("say hi!"))
 print(chat_model.predict("say hi!"))
```

### 2．文字嵌入模型

文字嵌入模型（Text Embedding Model）可以把文字轉為浮點數形式的描述。

文字嵌入模型接收文字作為輸入，並返回一組浮點數作為輸出。這些浮點數通常用於表示文字的語義資訊，可用於完成文字相似性計算、聚類分析等任務。透過使用文字嵌入模型，應用程式開發者可以建構更豐富的文字連結性，並提高基於大型模型的應用性能。

以下是使用 Python 撰寫的程式範例：

```
Python
from langchain.embeddings import OpenaiEmbeddings
embeddings = OpenaiEmbeddings()
text = "This is a test document."
query_result = embeddings.embed_query(text)
doc_result = embeddings.embed_documents([text])
print(doc_result)
```

## 6.2.2 提示

提示是指人們與模型進行互動的方式，也可以指模型的輸入。使用提示可以引導模型生成符合人們期望的內容，如按照特定的格式返回資料。提示在人們與模型的互動過程中造成關鍵的作用。

LangChain 提供了一系列工具，使建構人們想要的提示變得更加容易。以下是主要工具的介紹。

### 1．提示範本

LangChain 的提示範本（PromptTemplate）是一種可以重複使用的提示範本，它可以幫助人們生成多個相關的提示。每個提示範本都包含一個文字字串，該字串定義了一組參數，透過這些參數可以生成提示。提示範本包含以下內容。

（1）對語言模型的說明：提示範本會明確指定語言模型應該扮演的角色，以便更進一步地引導生成過程。

（2）一組範例：提示範本中會提供一組範例，這些範例可以幫助語言模型更進一步地理解人們的期望，從而生成更準確、更合適的內容。

（3）具體的問題：提示範本中會包含具體的問題，這些問題可以直接用於與語言模型進行互動，引導語言模型生成人們想要的內容。

以下是使用 Python 撰寫的程式範例：

```
Python
from langchain import PromptTemplate

template = ""
"I want you to act as a naming consultant for new companies.
What is a good name for a company that makes {product}?"""

prompt = PromptTemplate(input_variables=["product"],
template=template,)prompt.format(product="colorful socks")
# -> I want you to act as a naming consultant for new companies.
# -> What is a good name for a company that makes colorful socks?
```

## 2．聊天提示範本

聊天提示範本（ChatPromptTemplate）是接收聊天訊息作為輸入的提示範本。聊天訊息通常由不同的提示組成，並且每個提示都會有一個角色。

以下是使用 Python 撰寫的程式範例：

```
Python
from langchain.prompts import (
 ChatPromptTemplate,
 PromptTemplate,
 SystemMessagePromptTemplate,
 AIMessagePromptTemplate,
 HumanMessagePromptTemplate,)
from langchain.schema import (
 AIMessage,
 HumanMessage,
 SystemMessage)
template="You are a helpful assistant that translates {input_language}
 to {output_language}."
system_message_prompt = SystemMessagePromptTemplate.from_template(template)
human_template="{text}"
human_message_prompt = HumanMessagePromptTemplate.from_template(human_template)
chat_prompt =
```

```
ChatPromptTemplate.from_messages([system_message_prompt,
human_message_prompt])
print(chat_prompt.format_prompt(input_language="English",
output_language="French", text="I love programming.").to_messages())
```

## 3．案例選擇器

在處理多個案例時，可以使用案例選擇器（ExampleSelector）來選擇一個案例供提示使用。以下是一些常見的案例選擇器。

（1） 自訂的案例選擇器：根據特定的規則或需求，手動選擇一個案例作為提示的基礎。

（2） 基於長度的案例選擇器：根據輸入的長度選擇案例。當輸入較短時，選擇較少的案例；當輸入較長時，選擇較多的案例。

（3） 相關性案例選擇器：根據輸入與案例的相關性選擇最相關的案例。透過比較輸入與每個案例的相似度或連結性，選擇與輸入最相關的案例作為提示的基礎。

以下是使用 Python 撰寫的程式範例：

```
Python
from langchain.prompts.example_selector.base import
BaseExampleSelector
from typing import Dict, Listimport numpy as np
class CustomExampleSelector(BaseExampleSelector):
 def __init__(self, examples: List[Dict[str, str]]):
 self.examples = examples
 def add_example(self, example: Dict[str, str]) -> None:
 """Add new example to store for a key."""
 self.examples.append(example)
 def select_examples(self, input_variables: Dict[str, str]) -> List[dict]:
 """Select which examples to use based on the inputs."""
 return np.random.choice(self.examples, size=2, replace=False)

examples = [  {"foo": "1"},  {"foo": "2"},  {"foo": "3"}]
```

```
example_selector = CustomExampleSelector(examples)

print(example_selector.select_examples({"foo": "foo"}))


example_selector.add_example({"foo": "4"})
print(example_selector.examples)

print(example_selector.select_examples({"foo": "foo"}))
```

### 6.2.3 輸出解析器

使用輸出解析器（OutputParser）可以使模型的輸出更加結構化。下面是一些常見的輸出解析器及其功能。

（1） get_format_instructions：指示模型如何格式化輸出。透過呼叫該輸出解析器，可以獲取有關如何格式化輸出的指示。

（2） parse(str)：將輸出解析為所需的格式。該輸出解析器接收一個字串參數，並將其解析為所需的格式。

（3） CommaSeparatedListOutputParser：以逗點分隔的形式返回輸出。舉例來說，將一個列表 ['Vanilla', 'Chocolate', 'Strawberry', 'Mint Chocolate Chip', 'Cookies and Cream'] 解析為以逗點分隔的字串。

（4） StructuredOutputParser：生成結構化的內容，無須定義物件。該輸出解析器類似於 PydanticOutputParser，但不需要定義物件。

（5） PydanticOutputParser：定義一個物件模型，使模型按照該物件模型返回資料。可以定義一個 Pydantic 物件模型，並使用該輸出解析器將輸出解析為該物件模型的實例。

### 6.2.4 索引

索引是一種將文件結構化的工具，使模型能夠直接與文件更進一步地進行互動，如用於答疑、知識庫等場景。模型可以從文件中獲取答案。

LangChain 在索引方面提供了許多有用的函數和工具，以便人們載入和檢索不同的文件資料，主要工具如下。

（1） Document Loaders（文件載入工具）：從不同的資料來源載入文件。當使用文件載入工具讀取資料來源後，需要將資料來源轉為 Document 物件，以便後續使用。

（2） Text Splitter（文字分割工具）：實現文字分割。無論是將文字作為提示發送給 OpenAI API，還是使用 OpenAI API 的嵌入功能，都有字元限制。因此，需要使用文字分割工具來分割文件載入工具載入的文件。

（3） Vector Store（向量儲存工具）：將文件儲存為向量結構。因為資料的相關性搜索實際上是向量運算，所以無論是使用 OpenAI API 的嵌入功能，還是直接透過向量資料庫進行查詢，都需要將載入的文件轉為向量，以進行向量運算。將載入的文件轉為向量非常簡單，只需將資料儲存到相應的向量資料庫中即可，如圖 6-2 所示。

圖 6-2 中的 FAISS 是一種用於儲存向量的向量資料庫。

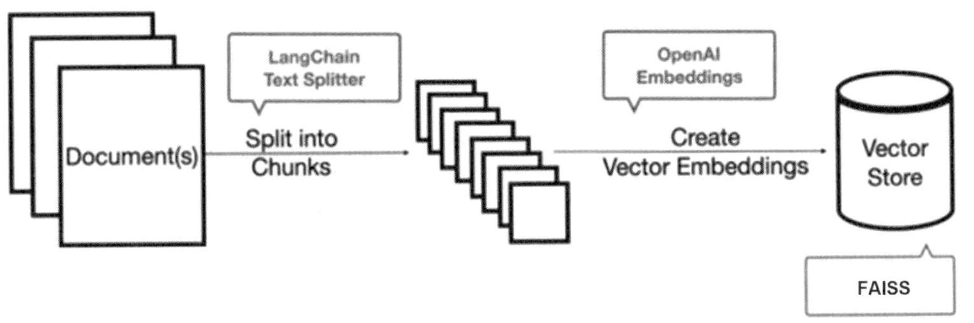


▲ 圖 6-2　向量儲存的服務圖

（4） Retriever（檢索工具）：用於檢索文件資料。

下面透過一個案例來了解不同工具的用法。

（1） 載入文件資料：可以使用文件載入工具來完成。文件載入工具可以從檔案、資料庫或網路中獲取文件資料，並將其準備好以供後續處理。

（2） 將文字分割為不同的區塊：可以使用文字分割工具來完成。文字分割工具可以將長文字分割成更小的部分，以便於後續處理和檢索。

（3） 將分割後的文字區塊轉為向量儲存：可以使用向量儲存工具來完成。向量儲存工具可以將文字資料轉為向量表示形式，以便於計算和比較。

（4） 檢索文件資料並將其提供給 LangChain 以進行問答處理：可以使用檢索工具來完成。檢索工具可以根據使用者的查詢，從向量儲存工具中檢索出最相關的文字區塊，並將其提供給 LangChain 以進行問答處理。

### 6.2.5 記憶體

在預設情況下，代理和鏈都是無狀態的，這表示它們在處理完每次查詢後不會記住上一次對話的內容，每次查詢都是獨立的。

然而，在某些場景（如聊天場景）下，記住上一次對話的內容是非常重要的。為了滿足這種需求，LangChain 提供了一些相關的工具類別。

這些工具類別可以用於在代理和鏈之間傳遞上下文資訊，以便於在連續的對話中保持對話狀態。舉例來說，可以使用上下文工具類別來儲存和提取上一次對話的內容，這樣在下一次查詢時，便可以使用這些資訊來提供更準確的回答。

透過使用 LangChain 提供的工具類別，可以在需要記住上一次對話內容的應用中實現更強大的對話功能。這樣就能夠更進一步地滿足使用者的需求，提供給使用者個性化、連貫的對話體驗。

## 6.2.6 鏈

鏈的設計使我們可以將多個元件組合成一個應用。舉例來說，我們可以建立一個鏈，它可以接收使用者輸入，先使用提示範本格式化使用者輸入為提示，然後將這些提示輸入語言模型。

此外，我們還可以將多個鏈組合在一起，以建構更複雜的鏈。這樣，每個鏈負責特定的功能或任務，而整個應用則可以透過這些鏈的組合實現更加複雜和完整的功能。

透過將多個鏈組合在一起，可以實現更高級的對話流程和邏輯。每個鏈負責特定的功能或任務，如輸入處理、語義解析、上下文管理等。這種組合的方式使我們可以更靈活地建構應用，並根據需求進行訂製和擴充。鏈是一個簡單的工具，它接收一個提示範本，在使用者提供輸入後對其進行格式化處理，並將格式化後的內容傳遞給語言模型，從而獲得相應的回應，如圖 6-3 所示。

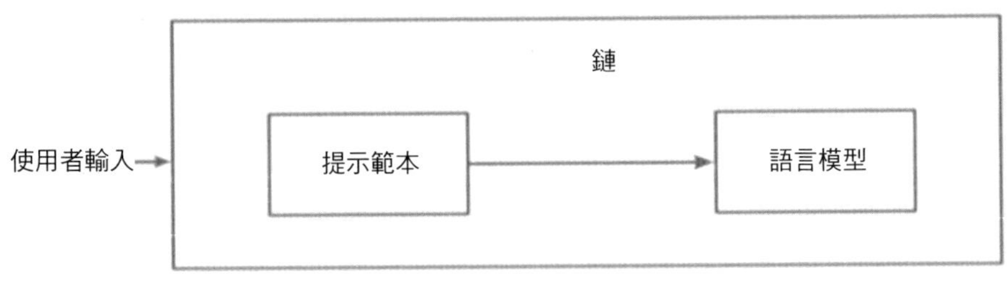


▲ 圖 6-3 鏈的執行流程

## 6.2.7 代理

代理使用語言模型作為思考工具來決定當前要執行的操作。我們會為代理提供一系列的工具，代理會根據使用者輸入判斷採用哪些工具可以實現目標，並持續地運行這些工具以實現目標。

代理可以視為增強版的鏈，它不僅綁定了提示範本和語言模型，還可以增加其他工具。

代理是一個智慧代理，其職責是根據使用者輸入和應用場景，在一系列可用的工具中選擇合適的工具來執行操作。代理可以根據任務的複雜性採用不同的策略來決定如何執行操作。這表示代理可以根據具體情況來選擇最佳的工具，以實現高效和準確地執行操作。

總之，代理是一個使用語言模型作為思考工具的智慧代理，它可以根據使用者輸入和應用場景選擇合適的工具來執行操作，並根據任務的複雜性採用不同的策略來決定如何執行操作。這使代理能夠更加靈活和智慧地完成各種任務。

目前主要有兩種類型的代理。

（1）動作代理（Action Agent）：這種代理一次執行一個動作，根據執行結果決定下一步的操作。

（2）計畫執行代理（Plan-and-Execute Agent）：這種代理先確定一系列要執行的操作，然後按照事先確定的順序一個一個執行操作。

對簡單的任務來說，動作代理更為常見且易於實現。對複雜或長期運行的任務來說，計畫執行代理的初始規劃步驟有助維持長期目標並保持關注。然而，計畫執行代理的使用可能會增加呼叫次數並引入較高的延遲。這兩種代理並不是互斥的，可以讓動作代理負責執行計畫執行代理所制訂的計畫。

代理內部涉及的核心概念如下。

（1）代理：代理是應用程式的主要邏輯。它提供一個介面，接收使用者輸入和代理已執行的操作清單，並返回 AgentAction 或 AgentFinish。

（2）工具：工具是代理可以採取的動作，如發起 HTTP 請求、發送郵件、執行命令等。

（3）工具套件：工具套件是為特定用例設計的一組工具。舉例來說，為了使代理能夠以最佳方式與 SQL 資料庫互動，可能需要一個執行查詢操作的工具和一個查看表格的工具。工具套件可以看作工具的集合。

（4）代理執行器：代理執行器將代理與一系列工具包裝在一起，負責迭代運行代理，直到滿足停止條件為止。

## 1．代理的執行流程

LangChain 在接收到使用者的問題後，會將問題拆解成各個子任務。Llama 2 根據任務的不同會呼叫相應的工具，並透過這些工具與外部環境進行互動。互動結果會傳遞給 Llama 2 進行處理，最後代理將處理後的最終結果返回給使用者。代理的執行流程如圖 6-4 所示。

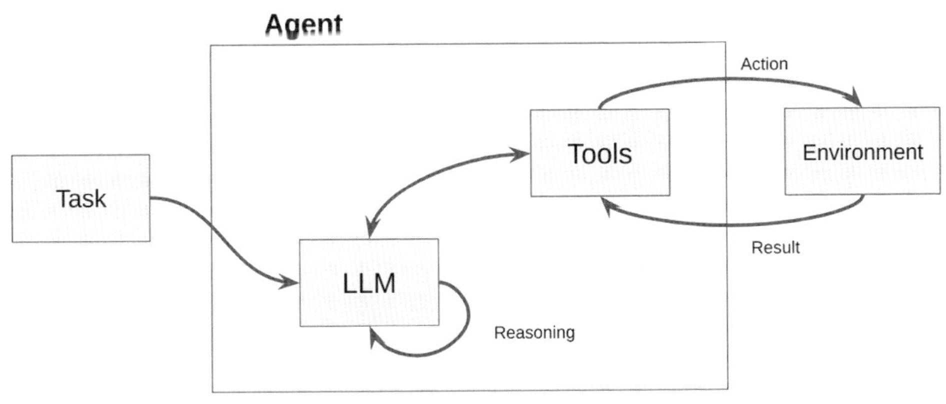


▲ 圖 6-4 代理的執行流程

## 2．代理類型

在下面的程式中，關於代理的初始化階段，有一個代理類型的設定，如 agent=AgentType.ZERO_SHOT_REACT_DESCRIPTION。代理類型決定了代理如何使用工具、處理輸入及與使用者進行互動，從而提供給使用者有針對性的服務。

```
Python
initialize_agent(tools, llm,
agent=AgentType.ZERO_SHOT_REACT_DESCRIPTION, verbose=True)
```

以下是可選擇的代理類型。

（1） ZERO-SHOT-REACT-DESCRIPTION：該代理使用 ReAct 框架，僅根據工具的描述確定要使用哪個工具。它可以提供任意數量的工具，每個工具都需要提供一個描述。

（2） React-Docstore：該代理使用 ReAct 框架與文件儲存（Docstore）進行互動。必須提供兩個工具：搜索工具和查詢工具（必須確切地將它們命名為 Search 和 Lookup）。搜索工具用於搜索文件，查詢工具用於在最近找到的文件中查詢術語。該代理類似於原始的 ReAct 論文中的範例，特別是維基百科的範例。

（3） Self-Ask-With-Search：該代理使用一個名為 Intermediate Answer 的單一工具。該工具應能夠查詢問題的事實性答案。該代理類似於原始的自問自答（Self-Ask）與搜索論文，其中提供了 Google 搜尋引擎 API 作為工具。

（4） Conversational-React-Description：該代理用於對話設定。提示可以幫助代理在對話中變得有用。它使用 ReAct 框架來決定使用哪個工具，並使用記憶體來記住之前的對話內容。

（5） Structured-Chat-Zero-Shot-React-Description：該代理可以在對話中使用任意的工具，並且能夠記住對話的上下文。

## 6.2.8 工具

LangChain 官方預設提供了一系列工具箱，包括發 Gmail 郵件、資料庫查詢、JSON 處理等。此外，還有一些單一工具的列表，可以在文件中查看。

為了更進一步地介紹工具的使用方法，下面透過一個自訂工具來說明。因為在使用 LangChain 時，我們的主要任務是不斷地自訂工具。在撰寫工具時，需要準備以下內容。

（1） 名稱：給工具起一個合適的名稱。

（2） 工具描述：清楚地說明工具的功能和用途。

（3） 參數結構：明確當前工具所需的輸入參數的結構。

在下面的例子中，我們使用 Tool 資料類別來建立一個名為「搜索」的新工具，該工具使用 SerpAPI 包裝器來回答有關當前事件的問題。

```
Python
class CustomSearchTool(BaseTool):
    name = " 搜索 "
    description = " 當你需要回答有關當前事件的問題時有用 "
    def _run(self, query: str) -> str:
        """ 使用工具。"""
        return search.run(query)
    async def _arun(self, query: str) -> str:
        """ 非同步使用工具。"""
        raise NotImplementedError("BingSearchRun 不支援非同步 ")
class CustomCalculatorTool(BaseTool):
    name = " 計算機 "
    description = " 用於進行數學計算 "
    def _run(self, query: str, calculator=None) -> str:
        """ 使用工具。"""
        return calculator.run(query)
    async def _arun(self, query: str) -> str:
        """ 非同步使用工具。"""
        raise NotImplementedError("CustomCalculatorTool 不支援非同步 ")
```

## 6.3 LangChain 環境設定

本節將介紹 Python 在各個平臺（如 Windows、macOS、Linux）上的安裝範例，以及 LangChain 的設定方法，以幫助使用者更輕鬆地使用 LangChain。安裝和設定完成後，使用者便可以愉快地使用 LangChain 了。

### 6.3.1 Python 環境架設

#### 1．Python 下載

Python 最新原始程式碼、二進位文件、新聞資訊等可以在 Python 的官方網站查看。

#### 2．Python 安裝

在 Windows 平臺上安裝 Python 的步驟如下。

（1） 下載 Python 安裝套件。

打開 Python 的官方網站：https://www.python.org/。

按一下 "Downloads"（下載）標籤，選擇適用於 Windows 平臺的 Python 版本。建議下載最新版。

（2） 運行 Python 安裝程式。

按兩下下載的 Python 安裝程式。在打開的視窗中可以看到幾個安裝選項。建議勾選 "Add Python to PATH"（將 Python 增加到 PATH 環境變數中）核取方塊，這樣就可以使用命令提示符號直接運行 Python 安裝程式。

按一下 "Install Now"（現在安裝）按鈕進行安裝。

（3） 安裝處理程序。

安裝程式時會顯示一個進度指示器，告知使用者安裝過程的狀態。

安裝完成後將看到一個 "Setup was successful"（安裝成功）的提示。

（4） 驗證安裝。

打開命令提示視窗。

輸入 "python --version"，按確認鍵。如果 Python 已成功安裝，那麼系統將顯示 Python 的版本資訊。

## 6.3.2 LangChain 主要模組

LangChain 主要模組是一個整合了許多模組和工具的函數庫。但是在開始開發之前，可能還需要安裝一些額外的套件，可以使用 pip 命令來安裝這些套件：

```
Python
python3 -m pip install --upgrade langchain deeplake pinecone-client
Openai tiktoken python-dotenv
```

下面對在這裡所做的工作進行詳細的介紹。

首先，使用 python3 -m pip 命令確保我們使用的是 Python3 解譯器的正確版本的 pip 模組。

其次，使用 install 命令安裝所需的 Python 套件。這些套件的名稱分別是 langchain、deeplake、pinecone-client、Openai、tiktoken 和 python-dotenv。透過運行 install 命令，可以安裝這些套件的最新版本。

下面是每個套件的簡要說明。

（1） langchain：langchain 是主要的 Python 套件，它提供文件載入工具、文字分割工具和其他工具程式。

（2） deeplake：deeplake 是一個向量資料庫提供者。我們需要將處理過的資料儲存為向量形式，因此需要一個向量資料庫。deeplake 允許使用者輕鬆地在本地或雲上建立索引，因此我們通常會選擇安裝它。

（3） pinecone-client：pinecone-client 是另一個用於機器學習應用的向量資料庫，可能是最知名的。它可靠且性能出色，但可能需要使用者在等候名單上註冊。

（4） Openai：Openai 是用於 OpenAI API 的官方 Python 函數庫，它允許使用者存取強大的 AI 模型。我們將使用它來進行嵌入模型、對話模型等操作。

（5） tiktoken：tiktoken 是 OpenAI 的函數庫，它允許使用者計算文字字串中的標記數，而無須進行 API 呼叫。

（6） python-dotenv：python-dotenv 允許使用者在 env 檔案中指定環境變數，這對於管理金鑰和其他設定值非常有用。

至此，已經架設好了 Python 環境，可以開始使用 LangChain 和語言模型應用程式了。

## 6.4 Llama 2+LangChain 文件問答模型評估

本節將詳細介紹如何從零開始建立自己的文件問答模型，使用 Llama 2 和 LangChain 這兩個開放原始碼函數庫來實現無縫整合，詳細步驟如下。

（1） 設定虛擬環境和建立檔案結構。

（2） 在本地電腦上使用 Llama 2。

（3） 將 Llama 2 與 LangChain 整合，並自訂提示範本。

（4） 文件檢索和答案生成。

### 6.4.1 設定虛擬環境和建立檔案結構

設定虛擬環境可以為應用程式提供一個受控且隔離的環境，確保其依賴項與系統範圍內的其他軟體套件分離。這種方法簡化了依賴項管理，並且有助在不同環境之間保持一致性。

為了給應用程式設定虛擬環境，我們將在儲存庫中提供一個 pip 檔案。要按照如圖 6-5 所示的檔案結構來建立必要的檔案。如果你不想手動建立檔案結構，那麼也可以直接複製儲存庫以獲取所需的檔案。

```
└─ Root Directory/
    ├─ models/
    │   └─ # To store LLM bin files
    ├─ notebooks/
    │   └─ # Jupyter Notebooks for experimenting with LLMs
    ├─ temp/
    │   └─ # for writing uploaded files for Loader
    ├─ app.py
    ├─ pipfile
    ├─ run_app.bat
    └─ setup_env.bat
```

▲ 圖 6-5 檔案結構

在 models 資料夾中儲存下載的 LLM，而 pip 檔案將位於根目錄中。

為了在虛擬環境中建立並安裝所有依賴項，可以在相同目錄中使用 pipenv install 命令，或直接運行 setup_env.bat 批次檔。將會從 pipfile 中安裝所有依賴項。這樣做可以確保在虛擬環境中安裝所有必要的套件和函數庫。一旦成功安裝依賴項，我們就可以進行下一步——下載所需的模型。

## 6.4.2 Llama 2 和 LangChain 的互動流程

本節將利用 LangChain 開發一個應用程式，該應用程式將使用 Llama 2，主要透過文字與模型進行互動。簡單來說，我們可以將大多數模型視為「文字輸入、文字輸出」的形式。因此，LangChain 的許多介面都是圍繞文字展開的。

### 1．載入資料集

LangChain 針對不同格式的資料來源內建了各種解析指令稿。最終這些資料都將轉為純 txt 文字格式，以實現文字標準化。

```
Python
from langchain.document_loaders import TextLoader
from langchain.text_splitter import RecursiveCharacterTextSplitter

loader = UnstructuredFileLoader("./ 文件位址 ")
docs = loader.load()
```

## 2．文字切分

在進行文字切分時，chunk_size 用於指定切分後的文字區塊字數，而 chunk_overlap 則用於指定文字區塊間的重疊字數。由於「雞湯」文字總長度較短且內部語義連結度高，因此將 chunk_size 設為 50，將 chunk_overlap 設為 20。

```
Python
from langchain.document_loaders import TextLoader
from langchain.text_splitter import RecursiveCharacterTextSplitter

loader = UnstructuredFileLoader("./ 文件位址 ")
docs = loader.load()
ext_splitter =
RecursiveCharacterTextSplitter(chunk_size=50,chunk_overlap=20)
docs = text_splitter.split_documents(docs)
```

## 3．文字嵌入

在完成文字切分之後，我們需要對其進行向量化表示，即將其映射為低維稠密向量，並將這些向量儲存到向量資料庫中。此處選用的向量資料庫是無須註冊的 FAISS。

```
Python
from langchain.embeddings.huggingface import HuggingFaceEmbeddings
from langchain.vectorstores import FAISS

import os
embeddings = HuggingFaceEmbeddings(
model_name = "{ 你的位址 }/text2vec-large-chinese",
model_kwargs = {'device': 'cuda'})

if os.path.exists("{ 你的位址 }/my_faiss_store.faiss") == False:
vector_store = FAISS.from_documents(docs,embeddings)
vector_store.save_local("{ 你的位址 }/my_faiss_store.faiss")

else:
vector_store = FAISS.load_local(
```

```
"{ 你的位址 }/my_faiss_store.faiss",
embeddings=embeddings)
```

## 4．載入模型

在載入模型時，透過 LangChain 來載入 Llama 2 並進行實例化。

```python
Python
import torch
from transformers import AutoTokenizer, AutoModelForCausalLM

# 載入 tokenizer
tokenizer = AutoTokenizer.from_pretrained(
'/opt/Llama-2-7b-chat-hf',
trust_remote_code=True)

# 載入 Llama 2
base_model = AutoModelForCausalLM.from_pretrained(
"/opt/Llama-2-7b-chat-hf",
torch_dtype=torch.float16,
device_map='auto',
trust_remote_code=True
)
llm = base_model.eval()
```

## 5．語義檢索

（1） 向量化召回。

FAISS 預設採用 L2（歐氏距離）作為度量，根據相似度對召回的文件進行降冪排序。

```python
Python
 query = " 根據文件內容，回答專案資訊？ "
 # 計算相似度，結果中相似度較高的文字區塊排在前面
 docs = vector_store.similarity_search(query)
context = [doc.page_content for doc in docs] # 提取文字區塊中的文字內容
print(context)
```

（2） 設定提示範本。

以下是 Llama 2 預設的提示範本。

```
Python
#qa_template = """Use the following pieces of information to answer
the user's question.
#If you don't know the answer, just say that you don't know, don't
try to make up an answer.
#Context: {context}
#Question: {question}
#Only return the helpful answer below and nothing else.
#Helpful answer: """
```

我們可以參考上面的提示範本，根據實際場景訂製自己的提示範本，用於拼接查詢內容和召回結果。

```
Python
context ="\n".join(context)
prompt = f" 基於以上內容：\n{context} \n 請回答：{query} \n 字數限制在 30
字以內 "
```

## 6．推理範例

為 Llama 2 設定參數，包括最大詞元（max_new_tokens）、最高 k 值（top_k）、溫度（temperature）及重複懲罰（repetition_penalty）等，並將提示輸入模型。

```
Python
inputs = tokenizer([f"Human:{prompt}\nAssistant:"],
return_tensors="pt")
input_ids = inputs["input_ids"].to('cuda')

# llm 參數設定
param_config = {
"input_ids":input_ids,
"max_new_tokens":1024,
"do_sample":True,
```

```
"top_k":5,
"top_p":0.95,
"temperature":0.1,
"repetition_penalty":1.3
}
result = llm.generate(**param_config)

answer = tokenizer.decode(result[0], skip_special_tokens=True)

print(answer)
```

### 6.4.3 具體案例

假如我們想要使用 Llama 2 對一個 PDF 檔案進行問答，通常先透過 Python 程式讀取 PDF 檔案的內容，然後將讀取到的內容和問題發送給 Llama 2 進行總結。

如果文字超過了 API 最大的 token 限制，則會顯示出錯。此時，我們可以先對要發送的內容進行分段處理，如透過 tiktoken 計算並分割，然後將各段發送給 Llama 2 進行問答，最後對各段的回答內容進行整理概括。

如果使用的是 LangChain，那麼它會極佳地幫助你處理這個過程，使撰寫程式變得非常簡單。這些程式將包括以下內容。

（1） 匯入文件：create_vector_db。

（2） 提示選擇：set_custom_prompt。

（3） 匯入模型：load_llm。

（4） 問題設定：qa_bot。

（5） 問答結果：final_result。

這樣你就可以輕鬆地完成對一個 PDF 檔案進行問答的任務。

範例程式如下：

```
Python
from langchain.embeddings import HuggingFaceEmbeddings
from langchain.vectorstores import FAISS
from langchain.document_loaders import PyPDFLoader, DirectoryLoader
from langchain.text_splitter import RecursiveCharacterTextSplitter
from langchain import PromptTemplate
from langchain.embeddings import HuggingFaceEmbeddings
from langchain.vectorstores import FAISS
from langchain.llms import CTransformers
from langchain.chains import RetrievalQA
DATA_PATH = 'data/'
DB_FAISS_PATH = 'vectorstore/db_faiss'
# 自訂提示
custom_prompt_template = """Use the following pieces of information
to answer the user's question.
If you don't know the answer, just say that you don't know, don't
try to make up an answer.

Context: {context}
Question: {question}

Only return the helpful answer below and nothing else.
Helpful answer:
"""
# 建立一個向量資料庫函數
""" 該函數用於建立向量資料庫。首先從指定路徑載入 PDF 檔案，其次使用文字分割工具將
文件拆分成小塊，再次使用 HuggingFaceEmbeddings 模型將文字區塊轉為向量，最後將
向量儲存在 FAISS 中並儲存到本地 """
def create_vector_db():
    loader = DirectoryLoader(DATA_PATH,
                             glob='*.pdf',
                             loader_cls=PyPDFLoader)

    documents = loader.load()
    text_splitter = RecursiveCharacterTextSplitter(chunk_size=500,
                                                   chunk_overlap=50)
    texts = text_splitter.split_documents(documents)
```

```
    embeddings = HuggingFaceEmbeddings(model_name='sentence-
transformers/all-MiniLM-L6-v2',
                                       model_kwargs={'device':
'cpu'})

    db = FAISS.from_documents(texts, embeddings)
    db.save_local(DB_FAISS_PATH)
# 設定自訂提示函數
""" 該函數用於設定自訂提示。建立一個 PromptTemplate 物件，包含預先定義的輸入變
數和範本 """
def set_custom_prompt():
    """
    Prompt template for QA retrieval for each vectorstore
    """
    prompt = PromptTemplate(template=custom_prompt_template,
                            input_variables=['context', 'question'])
    return prompt

# 建立問題鏈函數
""" 該函數根據傳入的參數建立一個問題鏈。使用 RetrievalQA 類別建立一個問題鏈物件，
包含 llm 模型、檢索工具和其他相關參數 """

def retrieval_qa_chain(llm, prompt, db):
    qa_chain = RetrievalQA.from_chain_type(llm=llm,
                                       chain_type='stuff',
retriever=db.as_retriever(search_kwargs={'k': 2}),
                                       return_source_documents=True,
                                       chain_type_kwargs={'prompt':
prompt}
                                       )
    return qa_chain

# 載入 Llama 2 函數
""" 該函數用於載入 Llama 2。建立一個 CTransformers 物件，包含模型名稱、模型類
型等參數 """
def load_llm():
```

```
    llm = CTransformers(
        model = "Llama-2-7b-chat-hf",
        model_type="llama",
        max_new_tokens = 512,
        temperature = 0.5
    )
    return llm

# 建立一個問答機器人函數
""" 該函數用於建立一個問答機器人。首先載入預訓練好的向量資料庫，其次載入 Llama，
再次設定自訂提示並建立一個問題鏈，最後返回問題鏈物件 """
def qa_bot():
    embeddings = HuggingFaceEmbeddings(model_name="sentence-
transformers/all-MiniLM-L6-v2",
                                       model_kwargs={'device':
'cpu'})
    db = FAISS.load_local(DB_FAISS_PATH, embeddings)
    llm = load_llm()
    qa_prompt = set_custom_prompt()
    qa = retrieval_qa_chain(llm, qa_prompt, db)

    return qa

# 獲取基於 PDF 檔案的問答結果函數
""" 該函數用於獲取基於 PDF 檔案的問答結果。首先建立一個問答機器人，其次將查詢傳遞
給問題鏈，最後返回問題鏈的回應結果 """
def final_result(query):
    qa_result = qa_bot()
    response = qa_result({'query': query})
    return response

# 初始化問答流程，發送問題
""" 首先建立一個問答機器人，其次發送一條訊息以啟動機器人，最後更新訊息內容並將問
題鏈物件儲存在使用者階段中 """
async def start():
    chain = qa_bot()
    msg = cl.Message(content="Starting the bot...")
    await msg.send()
```

```
    msg.content = "Hi, Welcome to Medical Bot. What is your query?"
    await msg.update()

    cl.user_session.set("chain", chain)
# 主函數，處理訊息並返回答案
""" 這是程式的非同步主函數。首先從使用者階段中獲取問題鏈物件，其次使用非同步回呼處理器
處理訊息，最後獲取答案和相關來源並將其發送給使用者 """
async def main(message):
    chain = cl.user_session.get("chain")
    cb = cl.AsyncLangchainCallbackHandler(
        stream_final_answer=True, answer_prefix_tokens=["FINAL",
"ANSWER"]
    )
    cb.answer_reached = True
    res = await chain.acall(message, callbacks=[cb])
    answer = res["result"]
    sources = res["source_documents"]

    if sources:
        answer += f"\nSources:" + str(sources)
    else:
        answer += "\nNo sources found"

    await cl.Message(content=answer).send()
```

MEMO

# 7 多語言大型模型技術介紹及其工業應用

隨著 Llama 2 大型模型的出現，圍繞多語言大型模型的研究在國內外社區火熱展開。本章將從多語言大型模型的研究現狀和技術方向出發，系統地總結多語言大型模型的訓練資源和前置處理、最佳化方向，以及多語言大型模型現階段典型的工業應用。

## 7.1 多語言大型模型的研究現狀和技術方向

目前全世界人口使用的語言有上千種，是否有必要進行多語言研究和保護，以及讓每種語言的使用者公平地享受大型模型技術發展帶來的紅利，將是本節討論的重點。同時我們也會幫助大家簡略了解多語言大型模型的發展趨勢和技術方向。

### 7.1.1 為什麼進行多語言研究

隨著網際網路的發展，世界各地區的人都可以透過各種應用進行溝通和交流。現階段網際網路上主要使用的 10 種語言如圖 7-1 所示，其中漢語和英文作為 2 種主要語言，其使用者佔網際網路使用者的 45.3%，這 2 種語言也是現階段 NLP 技術和大型模型技術的主要研究語言。但值得注意的是，世界上共有 7000 多種語言 [1]，除去上述 2 種語言，還有 54.7% 的使用者並沒有完全享受到大型模型技術發展帶來的紅利，下面將從 4 個方面闡述多語言研究的必要性 [2]。

#### 1．社會層面

人們使用的語言決定了其能接受到的教育、獲得的知識及人脈關係。儘管網際網路是開放的，但是數位語言鴻溝（Digital Language Divide）還是存在於主流語言（漢語、英文和其他主流西方語言）和其他語言之間的。如圖 7-1 所示，只有少數的語言會大量出現在網際網路中，這就極大地提高了小語種使用者獲取資訊的門檻。

**Top Ten Languages Used in the Web - March 31, 2020**
( Number of Internet Users by Language )

| TOP TEN LANGUAGES IN THE INTERNET | World Population for this Language (2021 Estimate) | Internet Users by Language | Internet Penetration (% Population) | Internet Users Growth (2000 - 2021) | Internet Users % of World (Participation) |
|---|---|---|---|---|---|
| English | 1,531,179,460 | 1,186,451,052 | 77.5 % | 742.9 % | 25.9 % |
| Chinese | 1,477,137,209 | 888,453,068 | 60.1 % | 2,650.4 % | 19.4 % |
| Spanish | 516,655,099 | 363,684,593 | 70.4 % | 1,511.0 % | 7.9 % |
| Arabic | 447,572,891 | 237,418,349 | 53.0 % | 9,348.0 % | 5.2 % |
| Portuguese | 290,939,425 | 171,750,818 | 59.0 % | 2,167.0 % | 3.7 % |
| Indonesian / Malaysian | 306,327,093 | 198,029,815 | 64.6 % | 3,356.0 % | 4.3 % |
| French | 431,503,032 | 151,733,611 | 35.2 % | 1,164.6 % | 3.3 % |
| Japanese | 126,476,461 | 118,626,672 | 93.8 % | 152.0 % | 2.6 % |
| Russian | 145,934,462 | 116,353,942 | 79.7 % | 3,653.4 % | 2.5 % |
| German | 98,654,451 | 92,525,427 | 93.8 % | 236.2 % | 2.0 % |
| TOP 10 LANGUAGES | 5,273,725,132 | 3,525,027,347 | 66.8 % | 1,188.2 % | 76.9 % |
| Rest of the Languages | 2,522,890,578 | 1,060,551,371 | 42.0 % | 1,114.1 % | 23.1 % |
| WORLD TOTAL | 7,796,615,710 | 4,585,578,718 | 58.8 % | 1,170.3 % | 100.0 % |

▲ 圖 7-1 現階段網際網路上主要使用的 10 種語言 [3]

數位語言鴻溝的存在會在各個層面影響 NLP 技術的發展。舉例來說，現階段社交 App（如微信）中使用的大多數語言都有常見的非正式輸入形式（如縮寫或俚語）。但是數位語言鴻溝的存在會讓非主流語言使用者無法得到很好的鍵盤輸入支援和拼寫校正服務[4]，同時會讓 NLP 演算法對非主流語言使用者存在偏見和歧視[5]，這也許不是語種導致的，而是不同的口音影響了演算法結果[6]。

這種對非主流語言的忽視現象不僅會擴大數位語言鴻溝，還會使一些非主流語言使用者放棄使用他們的語言，轉而使用技術支援好的、資源豐富的語言，從而影響語言的多樣性。因此，為了讓非主流語言使用者更進一步地享受技術發展帶來的便利，降低演算法對不同語言的效果差異，以及消除語言屏障，需要讓大型模型覆蓋除英文和漢語外的更多語言。

## 2．語言層面

我們在訓練大型模型時，都希望訓練出一個與語言無關的、更通用的大型模型，但是大多數時候受限於語料資源，我們訓練的大型模型只擅長單語言任務，如漢語或英文任務。圖 7-2[7] 列舉了針對不同語言和語系的單語言 BERT 模型。單語言預訓練大型模型中的漢語、英文及一些高資源（High-Resource）語言並不能代表世界上的其他語言。以漢語為例，它屬於漢藏語系（Sino-Tibetan），是一種弱詞形變化（Morphologically Poor）語言，更注重在句法上表示語意，即注重詞語的順序（如注重主謂賓順序），需要利用不同的詞而非只透過詞語的變化來表示時態、單 / 複數和性別[8]。舉例來說，曼尼普爾語（Meitei）中使用置於句末的 te/de 表示否定，thak-ke 翻譯成「我喝了」，而 thak-de 翻譯成「我沒有喝」[9]。

| Language | ISO | Language Family | Pretrained BERT Model |
|---|---|---|---|
| Arabic | AR | Afroasiatic | AraBERT (Antoun et al., 2020) |
| English | EN | Indo-European | BERT (Devlin et al., 2019) |
| Finnish | FI | Uralic | FinBERT (Virtanen et al., 2019) |
| Indonesian | ID | Austronesian | IndoBERT (Wilie et al., 2020) |
| Japanese | JA | Japonic | Japanese-char BERT[5] |
| Korean | KO | Koreanic | KR-BERT (Lee et al., 2020) |
| Russian | RU | Indo-European | RuBERT (Kuratov and Arkhipov, 2019) |
| Turkish | TR | Turkic | BERTurk (Schweter, 2020) |
| Chinese | ZH | Sino-Tibetan | Chinese BERT (Devlin et al., 2019) |

▲ 圖 7-2 單語言預訓練模型

除了以上詞法和句法的區別，我們還可以從一個更全面的角度觀察不同語言的不同特徵。《世界語言結構地圖集》（*World Atlas of Language Structure*）[10] 歸類了 192 種特徵，如主謂賓（SVO）順序就是其中之一。其中，每種特徵都包含多種類別，如主謂賓順序這個特徵就可以有 SOV、SVO、VSO 等不同的類別。研究發現，48% 的特徵只出現在低資源（Low-Resource）語言中 [11]。我們在訓練或微調大型模型時如果沒有使用這些特徵，就很可能錯過一些對大型模型泛化有價值的資訊。

以訓練更好的多語言大型模型為目標，可以幫助我們更進一步地了解世界上各種語言的關係 [12]，反過來它也能幫助大型模型更進一步地利用語言學上的特徵。你可以利用你在非母語語言方面的知識，探索其他語言與你的母語在不同方面的差別，如複合（Compounding）、衍生（Derivation）、重疊（Reduplication）現象的使用。

## 3．文化和道德規範層面

我們用來訓練大型模型的資料並不僅反映對應語言的特點，從模型的回答中也會流露出文化認同和常識。但是不同的文化有不同的常識，如酒文化不會出現在阿拉伯國家。一些較小的大型模型，如 13B 或 7B 的大型模型，如果只在一種語言，如漢語上進行對話微調，那麼其會在漢語的對話上舉出合理的回答，但是對於其他語言則會出現大型模型常見的幻覺現象，舉出不符合事實或違反道德規範的答案。

現在大型模型會被用於各種不同的複雜生成任務，而非簡單的分類任務，所以如何利用多語言資源，訓練符合世界所有語言使用者文化和道德規範的大型模型，促進 Responsible AI（RAI）在不同語言上的發展，已經成為一個重要的課題。

## 4．模型層面

當我們訓練大型模型時，大型模型會對訓練語料中佔比較大的語言產生歸納偏置（Inductive Bias），即使我們沒有利用神經網路顯式的編碼語言資訊，

僅利用 *N*-gram 組建構大型模型。研究表明，模型效果在具有豐富詞形變化的語言上也是顯著下降的 [13]。

Transformer-based 模型還會忽略具有豐富詞形變化的語言的複雜性 [14]：子詞分詞器（Subword Tokenization）在具有疊詞的語言上表現不佳 [15]；BPE 演算法無法極佳地對齊詞形資訊 [16]；大型模型雖然在單語言和跨語言任務上已經顯示出了零樣本學習能力，但是在低資源語言或與主流訓練語言類別距離較遠的語言上，文字生成和分類性能均有下降 [17]；與進行過任務微調的大型模型相比，其性能還有很大的差距 [18]。

以上問題對如何利用詞語、句子資訊建構多語言大型模型提出了挑戰。近年來，許多學者也開始關注多語言大型模型在低資源語言上的跨語言學習能力，以及多語言組合提示在大型模型上的 ICL 能力等。

## 7.1.2 多語言在 NLP 社區的發展

討論完研究多語言的必要性，本節我們來看一下現階段多語言在 NLP 社區的發展。

### 1．多語言發展趨勢

現在有很多研究機構致力於多語言的研究，既包括像漢語、日語、土耳其語和印度語這樣覆蓋龐大人口的語言，也包括像愛爾蘭語等只覆蓋少量人口的語言。近些年也出現了一些 NLP 社區專門研究關注度不足（Under-Represented）的語言或語系，更多 NLP 社區專注於區域性語言研究。舉例來說，研究非洲地區語言的 Masakhane，研究原始美洲語言的 AmericasNLP，以及研究印尼地區語言的 IndoNLP。同時還有專門為非英文語言研究舉辦的長期研討會及活動，如中國中文資訊學會每年組織的定期會議（如 CCL、ACL）為語言類型學設立的興趣小組（如 SIGTYP、AfricaNLP、ArabicNLP 和 ComputeEL）。

與此同時，有一些社區會關注更廣泛的語種和工作，如 ML Collective 和 Big Science。Big Science 是致力於服務多語言 AI 的社區，其發佈了

BLOOM[19]，並且在 BLOOM 和 mT5[20] 這兩個多語言大型模型上進行多工提示微調，建構了跨語言能力強的 BLOOMZ 和 mT0[18]。

為了突出多語言的重要性，ACL 不僅設立了 SIGTYP，還在 2022 年設立了 Special Theme Track，旨在透過以下努力讓科學論文被更多人接觸到。

- 將 ACL 選集（ACL Anthology）翻譯成 60 種語言。
- 將全體會議用 10 種語言配音並且增加字幕。
- 將一個全面且標準的 NLP 術語集翻譯成 60 種語言。

這些資源和術語表可以讓不同地區的人使用自己的語言來討論 NLP 技術。7.2 節、7.3 節將詳細介紹促進多語言技術發展的資料集和模型。

## 2．多語言發展挑戰

下面介紹 2 個典型的多語言發展挑戰。

（1） 多語言詛咒。

為什麼現在的多語言大型模型最多只能覆蓋 100 多種語言？除了資源原因，還有一個原因是多語言詛咒（Curse of Multilinguality）[21]。和在多個任務上訓練大型模型一樣，使用越多的語言訓練大型模型，由於受限於模型的容量（幾 100MB 位元），大型模型會越難學到每種語言的表徵資訊。多語言大型模型的出現打破了這個瓶頸，動輒 10B 以上的參數規模可以讓大型模型更進一步地學習每種語言的表徵資訊[22]。

（2） 低資源問題。

多語言大型模型發展的首要問題就是可使用的語料資源呈現長尾分佈，我們常說的高資源語料極大地偏向於以英文為代表的印歐語系和漢語、日語、韓語等，這些頭部語言無論是在標注資料（Labeled Data）中，還是在無標注資料（Unlabeled Data）中，數量都是巨大的。我們按照標注資料和無標注資料 2 個維度，將全球語言分成了 0 ～ 5 的 6 個類別[11]，分別表示大型模型可以利用語言的難度，0 表示最難。如圖 7-3 所示，其中虛線包圍的不同顏色區域的面積代表包含語言的多少，其中顏色由深到淺分別代表使用這種語言的人數從多到少。

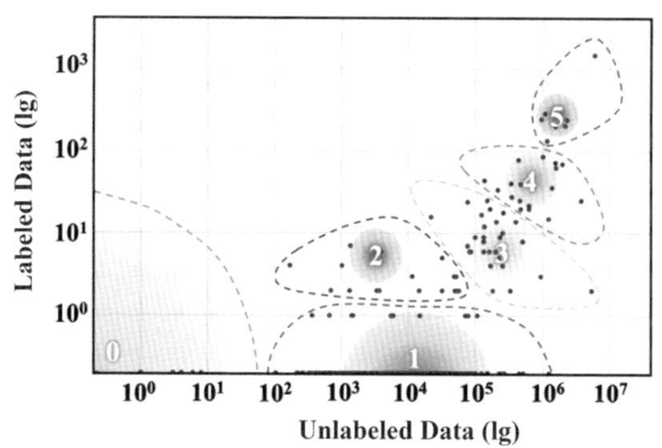


▲ 圖 7-3 NLP 系統中語言資源分類

- 類別 0（The Left-Behinds）。

NLP 技術一直以來都忽視了類別 0 的語言（見表 7-1 中的類別 0）。因為語料資源極少，所以這類語言將逐漸成為歷史，很難將它們與數智化掛鉤。就算是利用無監督學習（Unsupervised Learning）的方法，也只會讓它們越來越差，因為它們基本上沒有可以使用的無標注資料。

▼ 表 7-1 不同類別語言範例及其使用者和佔比表

| 類別 | 5 種範例語言 | 語言數量 / 種 | 使用人數 / 億個 | 語言數量佔比 |
|---|---|---|---|---|
| 0 | Dahalo，Warlpiri，Popoloca，Wallisian，Bora | 2291 | 12 | 88.38% |
| 1 | Cherokee，Fijian，Greenlandic，Bhojpuri，Navajo | 222 | 0.3 | 5.49% |
| 2 | Zulu，Konkani，Lao，Maltese，Irish | 19 | 0.057 | 0.36% |
| 3 | Indonesian，Ukranian，Cebuano，Afrikaans，Hebrew | 28 | 18 | 4.42% |
| 4 | Russian，Hungarian，Vietnamese，Dutch，Korean | 18 | 22 | 1.07% |
| 5 | English，Spanish，German，Japanese，French | 7 | 25 | 0.28% |

- 類別 1（The Scraping-Bys）。

類別 1 的語言（如格陵蘭語）中有一些具備一定數量級的無標注資料，使它們有可能在數年後在多語言研究中受到更多研究人員的關注。但是這需要研究人員有組織、持續地推動涉及這類語言的任務，讓更多的人關注它們，並且願意為它們收集更多的標注資料。這類語言現階段標注資料的數量幾乎為 0。

- 類別 2（The Hopefuls）。

類別 2 的語言（如愛爾蘭語）在 NLP 領域正經歷黎明前的黑暗，努力前進。這類語言累積了一些標注資料（數量較少），這表示有一批研究人員正在努力對這類語言進行數智化轉型，預計他們在未來幾年會製作出一些很有前景的 NLP 工具服務於這類語言。

- 類別 3（The Rising Stars）。

從類別 3 往後基本就是我們日常所說的高資源語言了。無監督學習方法極大地擴大了這類語言（如印尼語）在 NLP 領域的影響。因為這類語言在網際網路上有更多的使用者，所以很多 NLP 社區研究人員致力於這類語言的研究，但是他們的研究也會因標注資料不足而受到影響。這些研究人員應該借助大型模型的預訓練和參數高效微調技術 [23] 來彌補標注資料不足的影響。

- 類別 4（The Underdogs）。

類別 4 的語言（如越南語）在 NLP 領域就像火種一樣，發展潛力巨大。它們累積了大量的無標注資料，在標注資料方面，與類別 5 相比只少了一個數量級。很多經驗豐富的社區研究人員致力於這類語言的研究。這類語言很有潛力變成類別 5 的語言，並且是能體驗到數智化優越性的一類語言。

- 類別 5（The Winners）。

類別 5 的語言（如漢語、英文）在 NLP 領域的發展是非常迅猛的，並且一直處於領先地位，其研究的時間也比前幾個類別的語言要長。因為這類語言在網路上有著主導地位，有大量的企業及政府機構對這類語言在 NLP 領域的資源和技術發展進行投資，它們是絕對的高資源語言。這類語言的使用者享受著 NLP 領域最先進的成果及技術發展帶來的紅利。

## 7.1.3 多語言模型技術方向

7.1.2 節中提到語言的分類決定了不同語言的研究方向，如類別 3 和類別 4 的語言，由於缺乏足夠的標注資料，因此可以利用無監督學習方法來彌補。近年來，隨著大型模型的發展，相關研究主要透過預訓練技術學習無標注資料中的語言特徵，實現目的語言的零樣本或小樣本學習。目前學術界也有相關研究成果的發表，主要集中在東南亞的印尼語 [26]、越南語 [27] 和泰語 [28]。

當然僅借助無標注資料來提升類別 3 和類別 4 的語言任務的性能是不夠的，一個很自然的想法是借助高資源語言中的語言特徵向低資源語言遷移，即跨語言遷移學習（Cross Lingual Transfer Learning）和多語言學習（Multilingual Learning），前者是指從 1 個來源語言遷移到 1 個目的語言（one-to-one），後者是指從多個來源語言遷移到 1 個目的語言，在 BLOOM/Llama 類開放原始碼大型模型出現以後，後者逐漸成為研究的主流。但是，在跨語言遷移學習的過程中，語言間的相似性極大地限制了遷移的性能。以英文和西班牙語在機器翻譯上的遷移為例，因為兩種語言很接近，在單字上有近 50% 的重疊度，所以小樣本遷移效果和翻譯效果很好。但是漢語和英文由於 token 上的差異及其他特徵差異較大，因此遷移效果不佳，甚至可能帶來負向遷移（Negative Transfer）和災難性遺忘（Catestrophic Forgetting）的問題。如何選擇有效的高資源語言作為來源語言，可以參考文獻 [8]、[29] 的相關研究。

2023 年以來，隨著大型模型的發展，提示工程成為一個火熱的研究課題，其大致分為兩個技術方向。

（1）構造 Prompt，進行 ICL。這個技術方向利用 Prompt 作為輸入，但是不對模型參數進行微調，在多語言側大致分為跨語言提示（Cross Lingual Prompt）和跨語言思維鏈提示（Cross Lingual Chain-of-Thought Prompt）。兩者都利用英文作為提示的主要語言，但是測試樣本使用目的語言，這類方法已被證明可以取得更好的效果，並且和將測試樣本翻譯成英文的效果相似 [30]。

（2）利用機器翻譯的多語言提示（Multilingual Prompt）任務進行模型的參數微調。實驗效果證明，使用英文作為提示的主要語言，在多語言任務下進行微調，能在英文或非英文任務集的零樣本學習任務上獲得State-of-the-Art（SOTA）效果，同時使用機器翻譯的多語言提示進行微調，在一些語言上也比人工翻譯的提示微調結果好[18]。

## 7.2 多語言大型模型的預訓練資源和評測任務

資料資源在如今這個大型模型時代與石油和煤炭在工業時代一樣重要。本節將總結多語言大型模型訓練所使用的主流語料，以及如何對這些語料進行加工、提煉，以便更進一步地幫助研究人員提升多語言大型模型的效果。

### 7.2.1 多語言大型模型的預訓練資源介紹

#### 1．預訓練資源

大型模型需要巨量的訓練語料才可以學習到更全面的知識和內容，所以現在越來越多的開放原始碼訓練語料被用來訓練大型模型。本節按照訓練語料的內容類型，簡要地將目前被廣泛使用的語料資源歸類為書籍資源（Books）、網頁資源（CommonCrawl）、Reddit資源（Reddit Links）、維基百科（Wikipedia）、程式（Codes）和其他（Other）[31]，如表 7-2 所示。

▼ 表 7-2　主流語料資源整理表

| 語料資源 | 資料大小 | 資料源頭 | 更新時間 |
|---|---|---|---|
| BookCorpus | 5GB | Books | 2015-12 |
| Project Gutenberg | — | Books | 2021-12 |
| C4 | 800GB | CommonCrawl | 2019-04 |
| CC-Stories-R | 31GB | CommonCrawl | 2019-09 |

| 語料資源 | 資料大小 | 資料源頭 | 更新時間 |
|---|---|---|---|
| CC-NEWS | 78GB | CommonCrawl | 2019-02 |
| REALNEWs | 120GB | CommonCrawl | 2019-04 |
| OpenWebText | 38GB | Reddit Links | 2023-03 |
| PushShift.io | 2TB | Reddit Links | 2023-03 |
| Wikipedia | 21GB | Wikipedia | 2023-03 |
| BigQuery | — | Codes | 2023-03 |
| The Pile | 800GB | Other | 2020-12 |
| ROOTS | 1.6TB | Other | 2022-06 |

（1） 書籍資源。

BookCorpus[32] 是以前的預訓練模型（如 GPT/GPT-2）經常使用的資料集，包括超過 1.1 萬本書籍，覆蓋廣泛的類別（如小說和傳記）。現階段規模較大的書籍資源是 Project Gutenberg[33]，包含超過 7 萬本書籍，也被用於 Llama 及 Llama 2 模型的訓練。

（2） 網頁資源。

CommonCrawl 作為資料量（PB 級）最大的開放原始碼網路爬取資料庫之一，被廣泛應用於大型模型的訓練。因為其語料資源豐富，所以現階段的大型模型只使用其中某些時間段的子集資料來進行訓練。因為網路爬取資料中包含大量的雜訊和低品質資料，所以在使用它前都會進行資料的清洗和前置處理，現階段有幾個資料清洗後的多語言資料集可供選擇：C4[34]、OSCAR[35]、CCAligned[36]。其中，C4 的名字源於英文的 Colosal Clean Craled Corpus，其英文版本被 Llama 模型使用，其多語言版本又稱為 mC4，被用來訓練 mT5 模型。OSCAR 是從 CommonCrawl 資料集中利用語言分類技術取出出來的，用於 ELMO 模型的訓練。CCAligned 透過 URL 中不同國家的縮寫生成了 3.92 億個文件對，覆蓋 138 種不同的語言。

（3） Reddit 資源。

Reddit 是一個類似於網路討論區的社群網站平臺，使用者可以在該平臺上發表和回答自己想討論的話題，並且給回答點「踩」或點「讚」，那些高讚資源的價值很高。OpenWebText 就是透過爬取這些資料形成的資料集。另外一個資料集是 PushShift.io[37]，這是一個即時更新的資料集，支持使用者在整個資料集中進行檢索、總結等操作，方便使用者使用和處理其中的資料。

（4） 維基百科。

維基百科 [38] 具有不同領域的巨量高品質文章，多數文章都是百科類的，並且涵蓋多種語言。Llama、GPT-3 使用過英文版本的維基百科，mBERT 和 XLM-100 使用過多語言版本的維基百科。但是因為多語言版本的維基百科中的文件數量比 CommonCrawl 資料集少很多，因此並沒有被多語言大型模型廣泛使用。WikiMatrix[39] 是一個從維基百科資料中取出的平行語料，共有 1.35 億筆平行語料，覆蓋 1620 個語對和 85 種語言，主要用於機器翻譯。

（5） 程式。

對於程式資料集，現有的工作主要集中在從網路上爬取具有開放原始碼協定的程式。程式主要有兩個爬取源：第一個是公開的程式庫，如 GitHub；第二個是與程式相關的問答平臺，如 Stackflow、CSDN。Google 已經開放原始碼了 BigQuery[40]，其包含一定數量、不同程式語言的開原始程式碼。作為程式大型模型，CodeGen[41] 就使用了 BigQuery 進行訓練，而 BigQuery 的多語言版本也被用來訓練 CodeGen-Multi。

（6） 其他。

其他語料資源中最有特點的是 The Pile 資料集和 ROOTS 資料集。The Pile 資料集包括從上述多個資料來源中取出的 800GB 的資料集，涵蓋 22 個高品質資料來源的子集合。The Pile 資料集被各種規模的大型模型使用，如 GPT-J（6B）和 OpenLLaMA（7B/13B）

ROOTS 資料集是一個多語言資料集，由很多更小的資料集組成，涵蓋 59 種語言。多語言大型模型 BLOOM 就採用了 ROOTS 資料集進行訓練。此外，還有一個資料集 Paracrawl[42] 利用 Bitextor 工具從網頁中挖掘與英文平行的句對，其主要覆蓋歐洲的語言且包括 9 種低資源語言。

### 2．預訓練資源品質

保證資料品質是訓練出性能出色的多語言大型模型的關鍵，堅固性高的多語言大型模型能在跨語言的下游任務中表現得更好。上文介紹的多語言預訓練資料集大多來源於網路的自動挖掘，其資料品質無法得到很好的保證，因此從不同維度對這些從網路中挖掘的語料進行評估很有必要 [43]

在 ACL 2023 關於多語言大型模型的 Tutorial 中 [44]，微軟的研究人員提出對多語言預訓練資料集從多語言分佈、資料品質、來源和監管 4 個方面進行品質評價。在多語言分佈方面，研究人員以 CommonCrawl 資料集為例，指出雖然其包含 100 多種語言，但是其中 57 種語言的數量小於 0.001%，所以在利用其構造多語言資料集時要考慮是否自己生成與下游任務語言一致的資料。

在資料品質方面，建議構造資料集的研究人員不要只關注那些低資源語料，也要注意那些語言被錯誤分類的樣本，它們有可能是因為與其他語言相似及品質太差而被劃分到一些高資源語言類別中的。同時要注意那些機器生成的語料和因為辨識工具效果有限而包含色情或不良資訊的語料。研究人員建議從資料的數量、品質、領域數量、可持續性、共用性等維度評估多語言預訓練資料集的品質。

## 7.2.2 評測任務介紹

7.2.1 節介紹的資料集主要集中在無監督資料集上，本節將介紹在多語言有監督資料集上評測多語言大型模型的 Benchmark。Benchmark 中的任務主要包括文字分類任務（單句或句對）、QA 任務、序列標注任務和文字生成任務，如圖 7-4 所示。

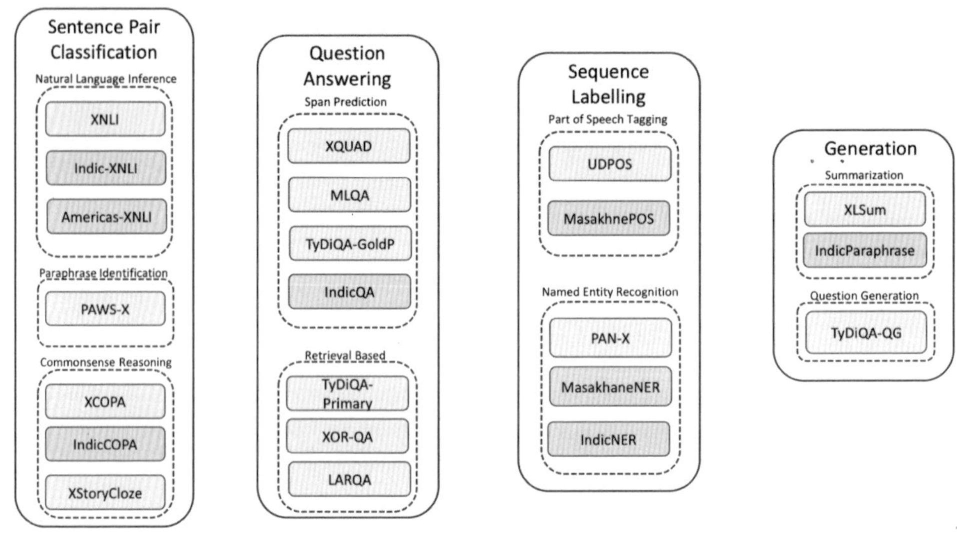


▲ 圖 7-4 多語言大型模型評測任務及相關資料集

## 1．評測資料集

構造堅固性高並且全面的評測任務可以幫助我們更進一步地理解大型模型的效果，這類評測在英文中是十分活躍的研究領域，如 GLUE 及難度上升的 SuperGLUE 評測資料集 Benchmark，以及近期在其基礎上建立的多語言評測資料集 XTREME、XTREME-R 和 XGLUE 等。多語言評測資料集的目標是覆蓋更多樣的任務和語言，這樣我們就可以更進一步地評估多語言大型模型的泛化性能。與此同時，也有一些研究人員致力於建構針對特定語言的評測資料集，如針對印度語的 IndicXTREME 等。

多語言評測資料集的構造基本上都缺乏語言的多樣性，並且很少覆蓋低資源語言。在大型模型出現以前，通常將英文評測資料集透過機器翻譯的方式翻譯成多種目的語言評測資料集。這種方法無法生成自然的、有代表性的目的語言，並且會影響評估的有效性。為了緩解這些問題，更進一步地衡量多語言大型模型在跨語言的零樣本和小樣本任務中的性能，多家研究機構合作建構了 xP3[18] 評測資料集，覆蓋 46 種語言，包含英文及機器翻譯的提示；微軟的團隊建構了 MEGA[45] 評測資料集，包含 16 個評測任務，覆蓋 70 多種語言；華盛頓大學、

Google 及 Allen AI 聯合發佈了多語言評測資料集 BUFFET[46]，其包含 15 個評測任務，覆蓋 54 種語言，並且額外提供固定的小樣本集合及指令，可用於更進一步地衡量多語言大型模型在小樣本跨語言遷移任務中的效果。

除此之外，在 ACL 2023 上，也有研究人員發佈了任務型對話導向的多語言對話資料集 GlobalWoZ[47] 和 X-RiSAWOZ[48]，以幫助開發人員更進一步地開發和評價多語言任務型對話系統。

## 2．評測方法

傳統模型的評測方法（Evaluation Methologies）利用有監督訓練語料在預訓練模型上進行微調，鏈路為預訓練 + 微調。多語言大型模型具備天生的零樣本和小樣本學習能力，其評測方法可以分成兩大類：一類是使用原有的評測方法進行任務相關的微調;另一類是基於提示的ICL，鏈路變為預訓練 + 提示 + 預測。任務相關的微調需要利用訓練語料對模型參數進行更新，而 ICL 不需要更新模型參數，只需設計不同的提示模型就會返回對應的結果。多語言大型模型的評測方法如圖 7-5 所示。

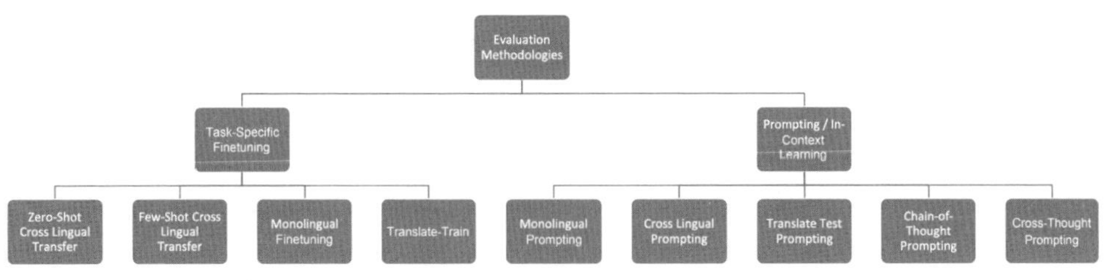


▲ 圖 7-5 多語言大型模型的評測方法

（1） 任務相關的微調（Task-Speific Finetuning）。

- **Zero-Shot Cross Lingual Transfer**：先在一種語言上進行任務相關的微調，然後利用另外一種語言的測試集進行評測。
- **Few-Shot Cross Lingual Transfer**：先在英文和少量目的語言上進行參數微調，然後利用目的語言的測試集進行評測。

- **Monolingual Finetuning**：只在全量的目的語言上進行參數微調。
- **Translate-Train**：使用經過機器翻譯的目的語言進行參數微調。

（2） 基於提示的 ICL（Prompting/In-Context Learning）。

這種評測方法希望構造適當的提示去啟動大型模型能力，幫助人們解決當前的任務，主要從 4 個維度組成提示經範本泛化的任務相關小樣本（Task Example）、輸入（Input）、測試資料（Template），以及答案（Answer）。圖 7-6 所示為不同任務的提示和小樣本資料範本。

| Type | Task Example | Input ([X]) | Template | Answer ([Z]) |
|---|---|---|---|---|
| Text Classification | Sentiment | I love this movie. | [X] The movie is [Z]. | great<br>fantastic<br>... |
| | Topics | He prompted the LM. | [X] The text is about [Z]. | sports<br>science<br>... |
| | Intention | What is taxi fare to Denver? | [X] The question is about [Z]. | quantity<br>city<br>... |
| Text-span Classification | Aspect Sentiment | Poor service but good food. | [X] What about service? [Z]. | Bad<br>Terrible<br>... |
| Text-pair Classification | Natural Language Inference | [X1]: An old man with ...<br>[X2]: A man walks ... | [X1]? [Z], [X2] | Yes<br>No<br>... |
| Tagging | Named Entity Recognition | [X1]: Mike went to Paris.<br>[X2]: Paris | [X1][X2] is a [Z] entity. | organization<br>location<br>... |
| Text Generation | Summarization | Las Vegas police ... | [X] TL;DR: [Z] | The victim ...<br>A woman ...<br>... |
| | Translation | Je vous aime. | French: [X] English: [Z] | I love you.<br>I fancy you.<br>... |
| Regression | Textual Similarity | [X1]: A man is smoking.<br>[X2]: A man is skating. | [X1] [Z], [X2] | Yes<br>No<br>... |

▲ 圖 7-6 不同任務的提示和小樣本資料範本

- **Monolingual Prompting**：提示、小樣本輸入、測試資料和答案都是目的語言。
- **Cross Lingual Prompting**：提示、小樣本輸入是來源語言，測試資料和答案是目的語言。
- **Translate Test Prompting**：提示、小樣本輸入是來源語言，測試資料是由來源語言翻譯而成的目的語言，答案是目的語言。

- **Chain-of-Thought Prompting**：對於一些注重多步邏輯推理的問題，在提示中加入 Think Step-by-Step 有助提高大型模型回答的準確率，這類提示技術中的提示、小樣本輸入、測試資料和回答都是目的語言。
- **Cross-Thought Prompting**：這類技術利用大型模型擅長處理英文的特點，輸入使用目的語言，先在提示中讓多語言大型模型將問題複述成英文，然後利用英文進行 CoT 推理，最終的回覆也是英文。實驗證明，這類提示技術在跨語言推理上的效果比輸入只用英文或將目的語言翻譯成英文都要好。

## 7.3 多語言大型模型的最佳化方向

介紹完多語言大型模型的預訓練資源和評測任務，本節將介紹資料前置處理流程和 Tokenizer，以及各類多語言大型模型的結構和效果。

### 7.3.1 資料前置處理流程

多語言大型模型的預訓練資料清洗和單語言大型模型並沒有顯著的不同，如圖 7-7 所示，都要經歷資料的收集、初次資料清洗（語言檢測）、文件去重及品質過濾（隱私過濾）等步驟，唯一的差別是，在初次資料清洗過程中，需要設定合理的設定值，辨識出我們需要的語言並保留一定比例的多語言文件用於模型訓練。

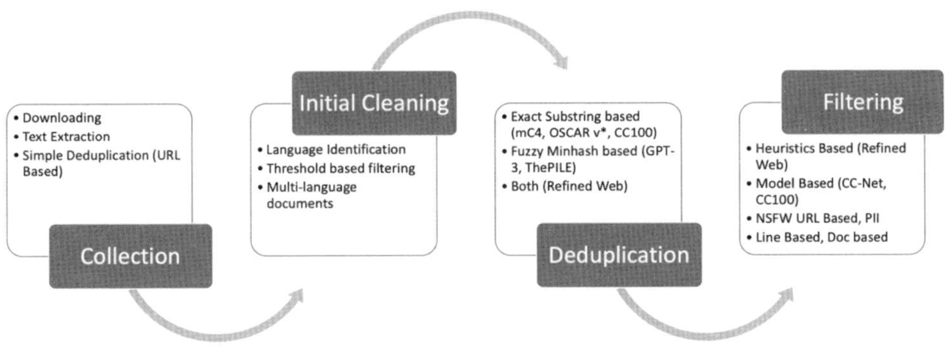


▲ 圖 7-7 多語言大型模型的預訓練資料處理流程 [31]

## 7.3.2 Tokenizer

經歷過資料前置處理的語料，需要經過 Tokenizer 的處理後才可以變成多語言大型模型直接可用的資料格式，下面我們介紹一下常用的 Tokenizer 及其在多語言上的潛在問題。

### 1．Tokenizer 選擇

主流的 Tokenizer 一共分為兩種：一種是基於子詞的 Tokenizer，其中有代表性的有以下兩種。

（1）BPE 演算法 [49]：BPE 演算法會學習如何將兩個最常見、連續並且在訓練字典中的 token 合併，將其作為新的 token 加入字典，直到字典容量滿足要求為止。這個演算法也被 GPT、BLOOM 和 Llama 系列模型使用。

（2）Sentencepiece[50]：Sentencepiece 是一個開放原始碼的程式庫，實現了如 BPE、UnigramTokenization 等 Tokenization 演算法，同時也實現了非子詞的 Tokenizer，如基於字和字母的 Tokenizer。XGLM、mT5、PaLM 系列模型都使用 Sentencepiece 作為 Tokenizer。

另一種是基於位元組的 Tokenizer（BBPE）。當我們的字典容量有限時，以位元組為最小 token 進行分詞，這種分詞方法可以編碼所有可能的序列資訊 [51]，並且對拼寫有很好的容錯性。有研究 [52] 使用 UTF-8 的編碼訓練了一個沒有子詞的多語言大型模型 mT5，在多語言測試集上展現出了較好的效果。這種分詞方法可以用來訓練沒有子詞的大型模型，如拉丁語系語言大型模型，因為 UTF-8 編碼拉丁語系語言的長度會比編碼漢語、日語和韓語要小 [53]。但是這種分詞方法需要更深的編碼器，並且要求大型模型可以接收更長的上下文資訊。Llama 2 大型模型對於非 UTF-8 的字元就使用這種分詞方法。

## 2．Tokenizer 在多語言上的潛在問題

與單語言大型模型相比，多語言大型模型更加注重 Tokenizer 的品質，因為多語言大型模型要在詞表有限的情況下利用 token 表示更多的語言序列。有研究[7] 從子詞的分裂度（Fertility）角度進行量化分析。分裂度的定義及計算方式如圖 7-8 所示，分裂度主要用來計算一個自然詞被分裂成子詞的平均長度，最小的分裂度是 1，表示每個自然詞就是一個子詞。從圖 7-9 中可以看到，多語言大型模型 mBERT 的分裂度在英文（EN）、漢語（ZH）、印尼語（ID）和日語（JA）上與單語言大型模型基本相同，但是在韓語（KO）、阿根廷語（AR）、芬蘭語（FI）、俄羅斯語（RU）和土耳其語（TR）上明顯高於單語言大型模型。這是因為 mBERT 的訓練語料中包含大量的英文等高資源語言，而英文與阿根廷語、芬蘭語、俄羅斯語和土耳其語等相比，是一種弱詞形變化語言，當 Tokenizer 在多種語言間使用同一個詞表時，會導致 Tokenizer 不能在對應的低資源語言中學到最佳的分詞語合。

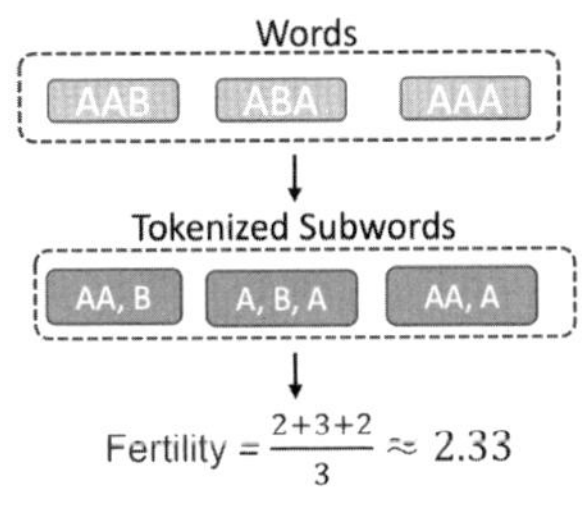


▲ 圖 7-8 分裂度的定義及計算方式

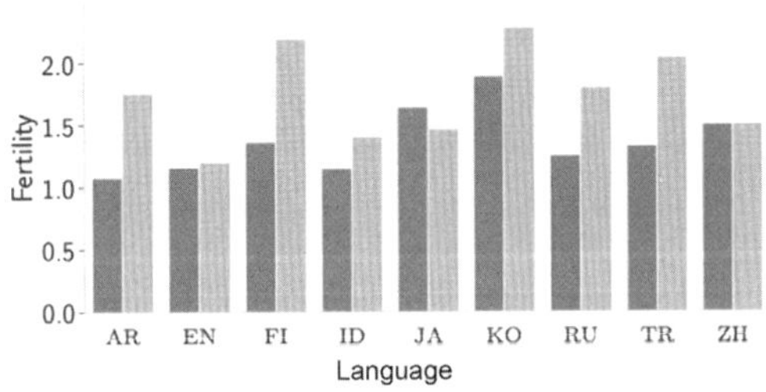


▲ 圖 7-9 不同語言子詞的分裂度

隨著針對某些語言子詞的分裂度增大，我們不得不考慮多語言大型模型的推理成本。有研究表明[54]，在低資源語言上，利用基於提示的 ICL 呼叫多語言大型模型進行預測，會大大增加使用成本，因為我們會將序列分解成更多的 token，增加上下文和輸出中 token 的數量。如果以英文或拉丁語系語言為基準，則由圖 7-10（a）可以看出，拉丁語系語言的大型模型呼叫花費是最小的，由圖 7-10（b）可以看出，其他語言的大型模型呼叫花費一般都高於英文，這是因為 Tokenizer 並沒有在對應語言上被極佳地訓練。

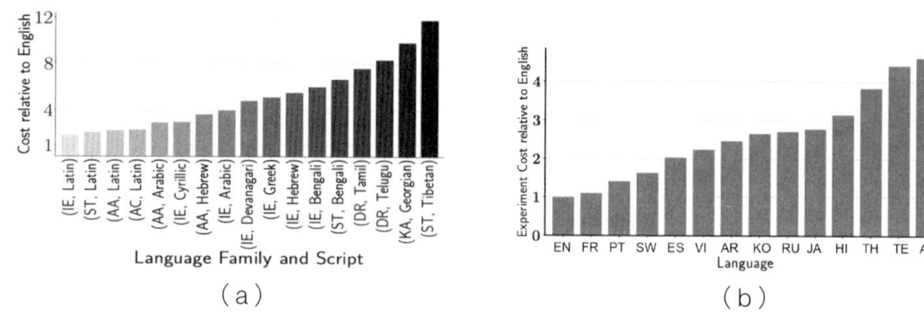


▲ 圖 7-10 語言大型模型推理成本與多語言 Tokenizer 的關係

除上述可以量化的評價以外，Tokenizer 對於一些需要進行分詞的語言，如漢語、日語和泰語等也會產生問題 [55-56]。

## 7.3.3 訓練資料格式和採樣策略

在結束對訓練語料的分詞處理以後，將它們送入多語言大型模型之前，多語言大型模型還需要考慮如何組織多語言的樣本，以及對不同語言樣本的採樣策略。本節會對單語言樣本、以英文為主的平行句對和多語言平行句對展開介紹。一般情況下，使用多語言平行句對訓練的大型模型，在多語言的下游任務中的效果會優於僅使用單語言樣本或以英文為中心的平行句對訓練的大型模型。之所以對語言進行採樣，是為了更進一步地平衡模型規模和語言規模對多語言大型模型效果的影響，避免出現 7.1 節提到的多語言詛咒現象。

### 1．單語言樣本

單語言樣本是指在訓練過程中將每種語言的語料獨立作為預訓練任務的採樣樣本，透過不同的採樣策略從文件池中對不同語言進行採樣，形成一個 "Batch" 進行迭代訓練。GPT-3、Llama 系列、BLOOM 使用的就是這種訓練資料格式。之所以對語言進行採樣，是因為多語言採樣策略有三種：第一種是不做任何限制，直接根據語言樣本數量形成的經驗分佈 $p_l$ 進行採樣。其中，$p_l$ 代表的是第 $l$ 種語言的樣本數量。

$$p_l = \frac{n_l}{\sum_{r \in L} n_r} \tag{7-1}$$

第二種是基於溫度的採樣策略[20-21]，一般用於少於 10 億個參數的模型。這種採樣策略會先使用一個採樣函數 $q_l$ 和一個溫度參數 $\tau$ 正則化原來的 $p_l$ 分佈，透過設定不同的溫度確保採樣時可以對低資源語言進行上採樣，對高資源語言進行下採樣，從而平衡訓練語料中不同語言之間的比例。

$$q_l = \frac{p_l^{1/\tau}}{\sum_{r\in L} p_r^{1/\tau}} \qquad (7\text{-}2)$$

第三種是 2023 年 ICLR 提出的 Unimax 方法[57]，它希望能根據每種語言的語料中的字元數量更平均地分配訓練預算（Budget），從而不用人為決定 $\tau$ 的值，為實驗帶來隨機性。這種方法會先以低資源語言來進行訓練預算的分配，也就組成了 Batch，然後進行模型訓練。實驗證明，這種方法的效果要優於基於溫度的採樣策略。

## 2．以英文為主的平行句對

以英文為主的平行句對的訓練資料格式及模型對照如圖 7-11 所示，以英文作為中間語言，採樣與該樣本對齊的目的語言語料組成平行句對，將其輸入模型進行 Masked LM 任務預訓練。這種方法借助了機器翻譯的思想，希望 Masked 不同語言的 token 資訊，使模型學習到不同語言與英文之間的關係。如果需要應用上文提到的採樣策略，則需要以句對（如中英句對）為最小統計單元進行採樣。

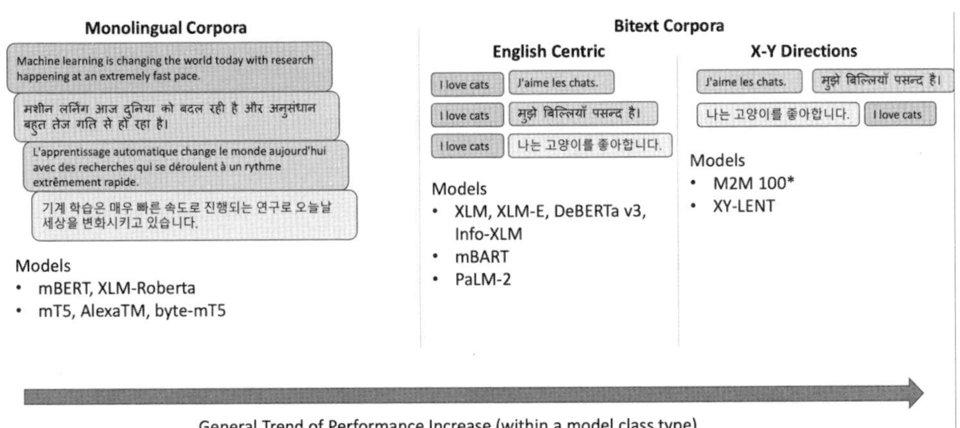


▲ 圖 7-11 以英文為主的平行句對的訓練資料格式及模型對照

### 3．多語言平行句對

與以英文為主的平行句對方法相比，多語言平行句對不再以英文作為中間語言，以保證模型在訓練過程中可以學習到不同語言之間的直接關係。因為英文的弱詞形變化特徵決定了它並不一定是一種好的橋樑語言[58]。2022 年 10 月，使用這種方法訓練的模型 T-ULRv6[59]，在之前提到的多語言 Benchmark XTREME 和單語言 GLUE 上紛紛取得了 SOTA 水準，證明多語言大型模型可以同時在英文及多語言評測任務上取得最佳效果。

## 7.3.4 多語言大型模型的訓練任務

多語言大型模型的訓練任務分為預訓練任務和微調任務。本節將介紹多語言大型模型的預訓練任務，主要關注兩個方面：多語言大型模型的訓練目標構造和多語言大型模型結構。

### 1．多語言大型模型的訓練目標構造

在介紹多語言大型模型結構之前，先簡單介紹三種訓練目標建構方法。不同語言大型模型的訓練目標如圖 7-12 所示，不同的訓練目標透過覆蓋輸入的不同部分形成 loss 值，隨後利用 loss 值更新模型的參數。

（1）Regular-Denoising（R-Denoising）：一般用於 MLM 的遮罩策略，訓練目標通常是先將一定範圍內的 token 替換為獨立的 Mask，然後訓練模型去預測它，如 BERT。

（2）Specific-Denoising（S-Denoising）：這個方法會把給定的句子分成首碼和尾碼兩部分，首碼部分作為 context，尾碼部分作為訓練目標，最常用於文字生成和機器翻譯任務。

（3）Extreme-Denoising（X-Denoising）：這種方法[60]可以看作在 Regular -Denoising 方法基礎上，將遮罩的視窗由 token 變成句子，最後的訓練目標要預測每一段被覆蓋的句子。這種方法在訓練多語言大型模型時通常為多輪對話任務所採用。在實際應用中，Llama 2 只使用了第

二種方法，Llama2-Chat[61] 使用了第二種方法和第三種方法，Google 的 PaLM 2 使用了三種方法，透過在每個輸入前加入 R-S-E 標識來確定不同的訓練目標 [62]。

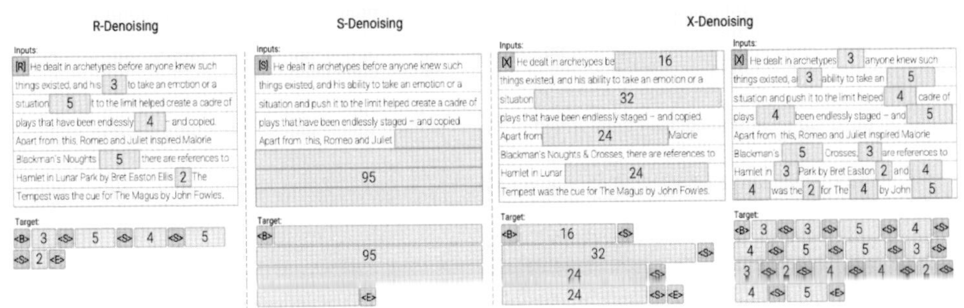


▲ 圖 7-12 不同語言大型模型的訓練目標

## 2．多語言大型模型結構

Transformer[63] 是目前最常使用的多語言大型模型結構 [64]，主要由編碼器和解碼器兩個結構組成。從兩者的組合方式來看，可以分為編碼器、編碼器 - 解碼器和解碼器。現階段多語言大型模型主要使用的是解碼器、編碼器 - 解碼器及首碼語言模型（Prefix LM）三種結構。早期 BERT 使用的是編碼器結構，現在編碼器已經很少被獨立使用了。

- 解碼器結構。

解碼器結構如圖 7-13 所示，這種結構是現在主流的多語言大型模型所使用的結構，這種結構讓模型可以像傳統的自回歸語言模型一樣被訓練，即利用單向注意力機制進行 NTP。Llama 2、GPT 系列、BLOOM、XGLM 使用的就是這種結構。最近有研究提出，在解碼器結構的模型上進行去解碼器的訓練 [65] 或利用指令微調 [66]，也能提升模型效果。但是這些方法都是基於以英文為主的模型的，在多語言大型模型上的效果並不清楚。PaLM 2 在其報告中使用類似的方法在多語言大型模型任務中獲得了出色的成績，所以我們可以將其作為多語言大型模型最佳化的方案。

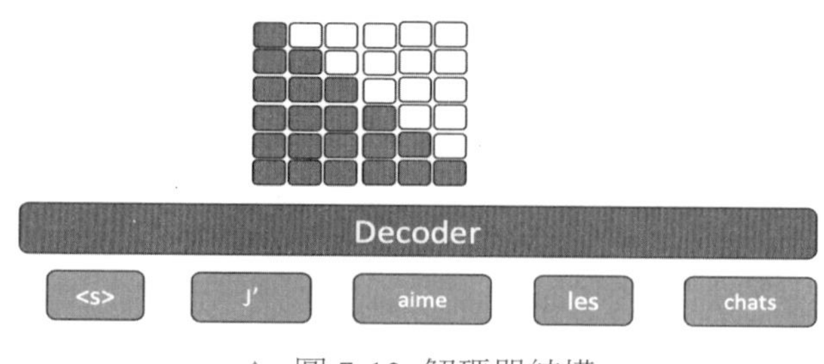


▲ 圖 7-13 解碼器結構

- 編碼器 - 解碼器結構。

傳統的編碼器 - 解碼器結構如圖 7-14 所示，這種結構使用的是 Transformer 的編碼器及解碼器。先將 token 的序列輸入編碼器，得到與輸入相同長度的序列向量，然後將其作為解碼器的輸入。解碼器使用交叉的注意力機制，針對輸入使用雙向注意力機制，可以關注輸入的所有上下文資訊。雙向注意力機制是一個能高效利用資料的策略，因為它在預測 token 時可以利用這個 token 前後的資訊。但是這種方法更善於執行自然語言理解任務而非現在大型模型所執行的自然語言生成任務，所以在大型模型中較少獨立使用。針對輸出序列，使用單向注意力機制，以防止模型關注預測 token 之後的資訊。在多語言大型模型中，mT5 還在繼續使用這種結構。

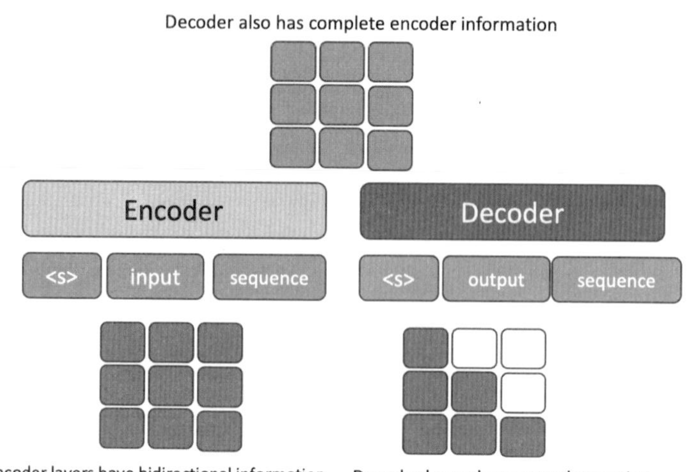


▲ 圖 7-14 傳統的編碼器 - 解碼器結構

- 首碼語言模型結構。

首碼語言模型結構本質上還是解碼器結構，但是更改了解碼器結構中的注意力機制，如圖 7-15 所示，針對輸入序列首碼的 token 使用雙向注意力機制（如圖 7-15 中綠色部分所示），而其他的 token 使用單向注意力機制（如圖 7-15 中橘色部分所示）。這樣首碼語言模型就可以對輸入序列採用雙向注意力機制，以盡可能多地收集語言資訊，而輸出序列採用自回歸方式進行逐一預測，並且同時在編碼和解碼的過程中共用參數。與之前提到的編碼器 - 解碼器結構相比，這種結構將編碼器的編碼工作交由解碼器來完成，在保證計算量相似的同時，節省了 2 倍的參數及記憶體。一般情況下，我們不會利用這種結構從頭開始訓練多語言大型模型，而會先訓練解碼器結構的模型，然後將任務轉化成符合首碼語言模型輸入格式的語言，對模型進行二次訓練，加快收斂速度。常見的首碼語言模型有 Llama2-Chat、GLM-130B 和 U-PaLM。

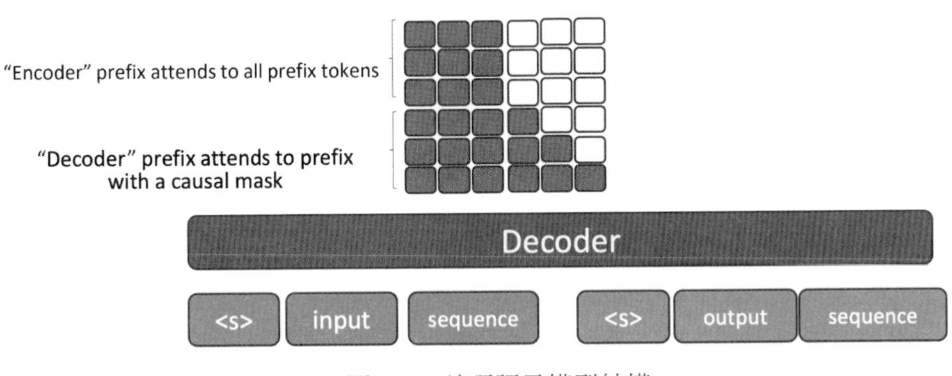


▲ 圖 7-15 首碼語言模型結構

## 7.3.5 多語言大型模型的最佳化方向總結( 以 Llama 2 為例 )

本節將以 Llama 2 為例，綜合之前介紹的技術方向，從訓練語料增強、Tokenizer 選擇、訓練語言採樣和訓練目標，以及多語言大型模型訓練和微調 4 個方面介紹如何利用 Llama 2 訓練一個擅長執行多語言任務的大型模型。

## 1．訓練語料增強

如圖 7-16 所示，在 Llama 2 的訓練語料中，英文語料佔 89.7%，其他語言語料的佔比小於 2%，還有約 8.38% 的程式語言語料，儘管在 Llama 2 的技術報告中，Llama 2 已經在英文資料集上達到可與 GPT-3 媲美的效果，但是在多語言（如漢語）的任務中，Llama 2 卻沒有表現出很好的效果，就連 Meta 也表示 Llama 2 不適合使用在其他的語言上 [67]。因此，如果想基於 Llama 2 進行多語言大型模型的訓練，第一步就要收集更多的多語言訓練語料。

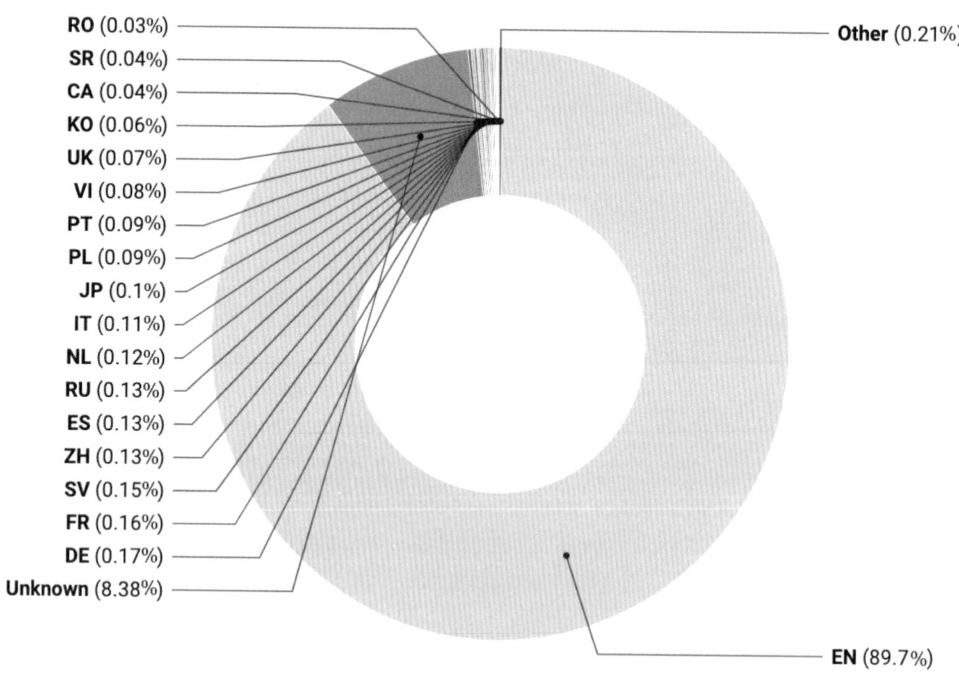


▲ 圖 7-16 Llama 2 的訓練語料中各語言的佔比

圖 7-17 所示為常見多語言大型模型中主要語言的佔比。如果我們想基於 Llama 2 建構多語言大型模型，那麼選用的語言佔比最好能接近圖 7-17 中的比例。一般訓練語料增強可以分為兩類：基於單語言的訓練語料增強和基於多語言的訓練語料增強。

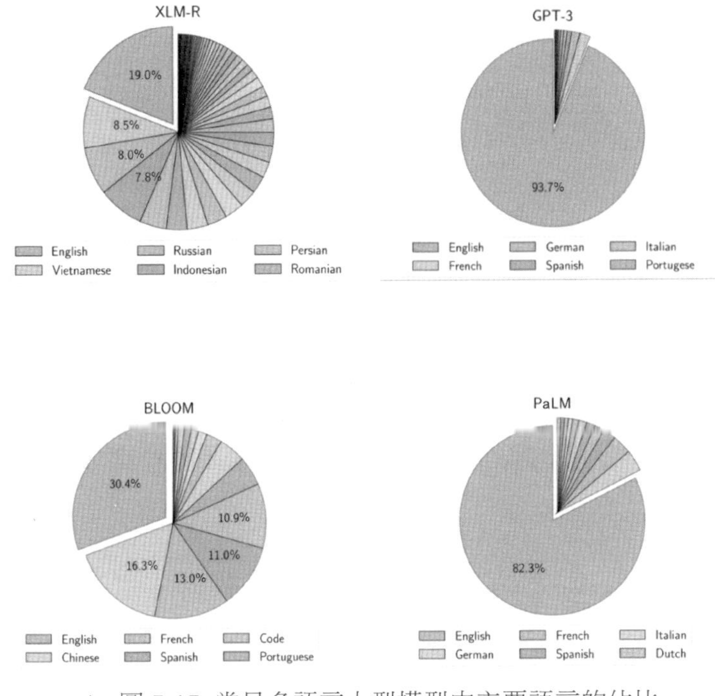


▲ 圖 7-17 常見多語言大型模型中主要語言的佔比

- 基於單語言的訓練語料增強。

一般情況下，如果我們想提高 Llama 2 在除英文外的其他語言任務中的表現能力，則需要收集特定語言的語料，對 Llama 2 進行重訓練。此外，除了收集與英文等量的語料，還可以使用收集的語料利用 BPE 等編碼演算法生成新的 token，將其補充到原有的 Llama 2 字典中，並且開始進行模型的重訓練，這樣就可以提高模型在對應語言任務中的能力 [68]。

- 基於多語言的訓練語料增強。

基於單語言的訓練語料增強雖然可以提高模型在特定語言任務中的能力，但是還欠缺多語言能力，無法解決模型對於高資源語言的偏置問題。一般多語言能力的典型應用就是機器翻譯，當我們想訓練一個具備各類語言翻譯能力的多語言大型模型時，需要收集足夠的多語言訓練語料。現階段公開的多語言資料集，如 mC4、ROOT 及 OPUS-100[69] 等都可以用來作為大型模型的增強訓練語料。

7.3.3 節中提到，一般情況下，使用多語言平行句對訓練的大型模型，在多語言的下游任務中的效果會優於僅使用單語言樣本或以英文為中心的平行句對訓練的大型模型，所以在構造多語言訓練語料時，建議構造多語言平行語料，並且利用資料增強平衡平行語料中互譯句對的數量，使其儘量相似，如使英文翻譯為漢語的語料與漢語翻譯為英文的語料數量儘量相似。

當我們完成訓練語料的增強後，如果想繼續使用新的 token 增強字或訓練自己的分詞器，則建議利用 XLM-R 的分詞器作為基準，評測一下自己的分詞器在不同語言下的分裂度。因為 XLM-R 的字典中特意增加了對小語種 token 的支援，可以極佳地解決模型在訓練時對高資源語言的偏置問題，所以如果你的分詞器對於不同語言的分裂度和 XLM-R 基本相似或更小，那麼說明你的模型可以極佳地解析此類語言特徵，並且能提高在推理和訓練時的效率。圖 7-18 所示為 PolyLM 技術報告 [70] 中常見多語言大型模型的分裂度與 XlM-R 的對比，由此可以看出，PolyLM 的分詞器對於多語言有很好的支援。感興趣的讀者也可以使用它們的訓練語料及部分採樣在 Llama 2 上針對自己的任務進行重訓練或微調。

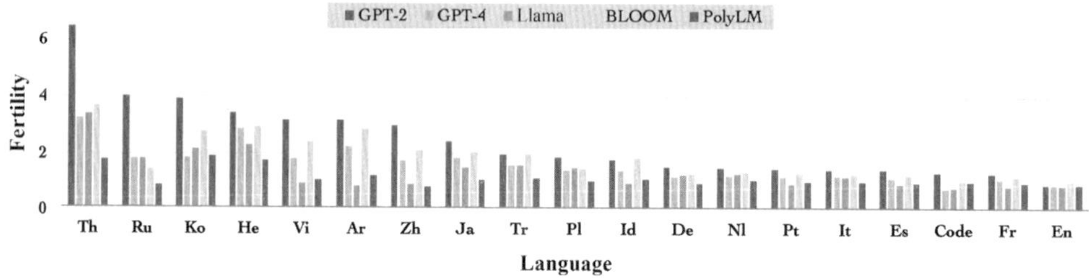


▲ 圖 7-18 PolyLM 技術報告中常見多語言大型模型的分裂度與 XLM-R 的對比

## 2．Tokenizer 選擇

一般情況下，我們都會使用在 SentencePiece 中的 BPE 演算法進行模型訓練。需要注意的是，大部分大型模型（包括 Llama 2）在訓練時都會將表示數量的字元拆為單獨的數位，以增強對數學問題的回答能力。對於不同的語言，可能會有與阿拉伯數字不一樣的表達形式，雖然資料量不會很大，但是細心的讀者也可以將其變換為阿拉伯數字，進行統一處理。同時 Llama 2 也會將不認識的字元利用 BBPE 分解成 Byte，以提高對少見字元的覆蓋率（如 Emoji 等），讀者直接重複使用即可。

## 3．訓練語言採樣和訓練目標

當我們準備好訓練語料，準備重訓練 Llama 2 時，還需要注意訓練語言採樣策略，其中包括基於溫度的採樣策略和 Unimax 方法。如果選用基於溫度的採樣策略，則建議溫度係數使用 3.33，這也是 XLM-R 通常使用的。

除了要對訓練語言採樣，還要根據訓練目的選擇合適的模型結構和訓練目標。如果你希望訓練一個基於 Llama 2 的多語言大型模型，那麼可以使用解碼器和 NTP 技術進行訓練；如果你只是希望利用已有語料針對多語言任務進行微調，那麼可以選擇使用首碼語言模型結構，並且搭配不同的解碼目標，如針對多語言的指令微調，可以選擇 Specific-Denoising 作為訓練目標，只針對答案計算損失；如果你想訓練一個支持多輪互動的 Chatbot，那麼需要採用 Extreme-Denoising 作為訓練目標，因為我們只需要計算每一輪的 Chatbot 回答的損失，而不需要考慮使用者問題的損失，儘管我們的模型會看到並在 Transformer 層關注所有的上下文資訊。

## 4．多語言大型模型訓練和微調

當我們明確了自己的目標（重訓練或微調目標）後，準備好訓練語料、Tokenizer 字典、訓練目標和超參數，就可以針對 Llama 2 進行重訓練或微調了。

- 基於 Llama 2 的多語言重訓練。

一般模型的重訓練會使用常見的解碼器結構，訓練目標也是預測下一個字元，但是在多語言訓練中，為了避免模型過多地擬合高資源語言，進而妨礙對低資源語言的學習，通常會採用課程學習（Curriculum Learning）[71] 方法來進行多語言大型模型的預訓練，希望能將一些通用的知識從高資源語言遷移到低資源語言，並且保留模型在高資源語言上的出色能力。一般的做法是將訓練分為兩個階段：第一個階段以高資源語言訓練語料為主，儘量讓模型學習更多的通用語言知識；第二個階段擴大低資源語言訓練語料的佔比，增強模型的多語言能力。文獻 [67]、[69] 分別針對 BigTranslate 和 PolyLM 設計了不同的課程學習方法，感興趣的讀者可以深入了解。

- 基於 Llama 2 的多語言指令微調。

一般來說如果我們並沒有足夠的 GPU 和語料資源進行多語言大型模型的預訓練，但仍希望 Llama 2 能在不同語言的任務中有比較好的效果，那麼可以選擇多語言指令微調，其模型結構和訓練目標在前文進行了介紹。關於 BLOOMZ[18] 的研究發現，僅使用英文任務對 BLOOM 進行微調，得到的模型 BLOOMZ-P3 可以獲得比原有模型（BLOOM）更好的效果；如果使用多語言的任務和英文指令對 BLOOM 進行微調，那麼 BLOOMZ 能得到比原來更好的效果。鑑於我們採用的 Llama 2 是以英文為主的，所以建議使用後者來進行模型微調，以最小的成本提升 Llama 2 在多語言任務中的表現。

零樣本多語言任務效果圖（指令均為英文指令）如圖 7-19 所示。

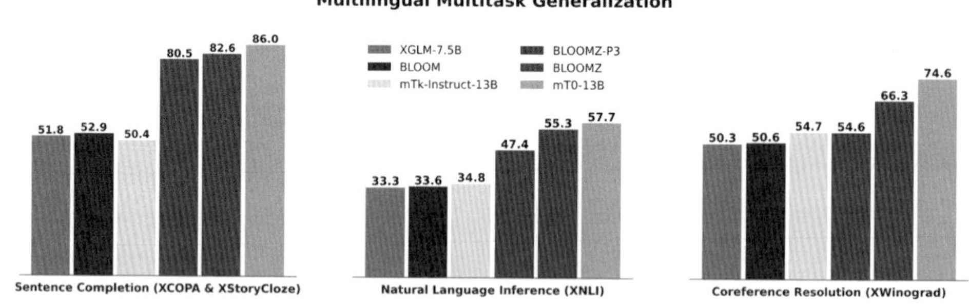


▲ 圖 7-19 零樣本多語言任務效果圖（指令均為英文指令）

在構造指令微調的資料集時，建議使用更高品質的資料進行微調，因為由 Meta 發表的 LIMA 論文 [72] 可知，微調資料的品質要比數量更重要。

## 7.4 多語言大型模型的工業應用

大型模型，即生成式 AI 的出現，讓人們能以自然語言為指令與機器進行互動，同時借助各類 API 和操作獲得想要的答案，它的出現正在重塑很多產業和工業應用。本節將重點介紹幾個需要利用多語言大型模型進行互動的典型工業應用，這些工業應用借助多語言大型模型來提升相關領域的使用者體驗，以及提高營運效率。

## 7.4.1 智慧客服

多語言大型模型最為典型的工業應用就是智慧客服。智慧客服具有多輪對話能力，可以更自然地對使用者提出的售前與售後問題進行回答，提高企業服務效率。同時，智慧客服還可以辨識使用者的感情，針對不同使用者進行安撫或情況上報，提升使用者滿意高並降低各類公關風險。

針對售前問題，智慧客服更類似於導購機器人，會根據使用者的訴求進行各種反問以收集資訊，最後為使用者推薦其可能感興趣的產品以提高使用者轉換率。近期東南亞的電子商務平臺 Lazada 與 Shopify 分別基於 OpenAI 的 ChatGPT 推出了自己的 LazzieChat 機器人和 Shopify 機器人，如圖 7-20 所示，它們可以根據使用者的需求進行產品推薦，LazzieChat 機器人主要支持英文和印尼語，而 Shopify 機器人支持漢語及更多的歐洲語言。

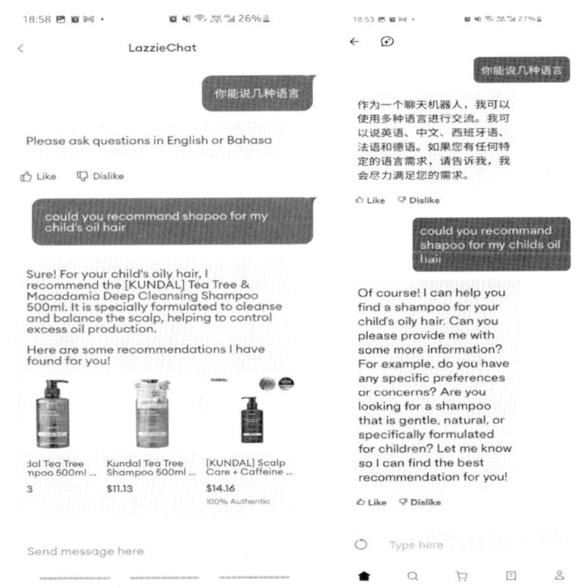


▲ 圖 7-20 LazzieChat 機器人和 Shopify 機器人示意圖
(編按：本圖例為簡體中文介面)

針對售後常見問題的解答，因為涉及專業領域知識，如不同平臺的政策不一致，並且知識的實效性較高，所以一般會採用檢索增強（RAG）[73] 的方法，既能利用外部的新知識，又能在一定程度上解決大型模型的幻覺問題，具體流程如圖 7-21 所示。一般會先針對領域知識建構向量資料庫，再根據使用者的問題從向量資料庫中檢索出相關的文件，然後將問題和文件及對應的提示交給大型模型，讓大型模型完成答案的生成，並回覆使用者，整個過程和之前的閱讀理解和文件問答任務非常相似。

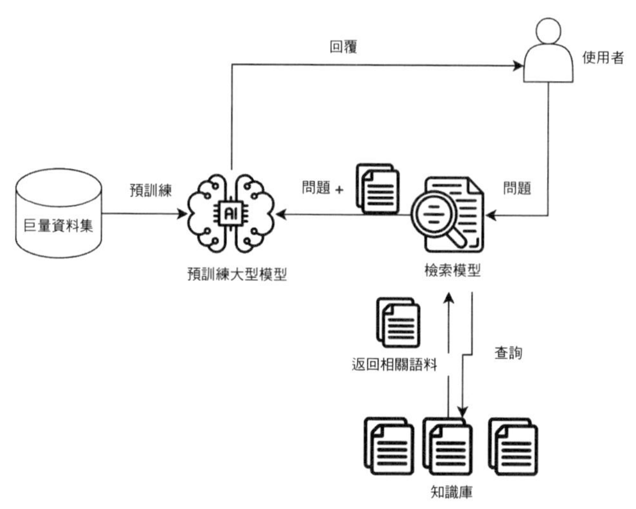


▲ 圖 7-21 檢索增強生成流程圖 [74]

除了簡單的文件問答，有時智慧客服還需要進行多輪任務型對話，也就是 Taskbot。在這類任務中，大型模型不僅需要具有多輪對話能力，還需要具有工具使用（如 API 呼叫）能力，以查詢任務所需的槽位資訊，而答案也會根據查詢到的槽位元資訊而動態變化。舉例來說，使用者詢問他的訂單什麼時候可到，如果此時他的訂單狀態是已經退貨，那麼我們需要和使用者解釋他的訂單處於退貨狀態無法再收到，而非回覆一個通用的答案。現階段這方面的研究主要集中在利用大型模型將使用者的指令轉為機器可以理解的動作或程式，隨後在特定的環境中執行，即 LLM-AGENT[75]。讀者如果有興趣可以看一下 AutoGPT 或 XLANG 專案 [76]，這些專案開發的 LLM-AGENT 充當著自然語言與特定指令（API 呼叫或動作序列，如設定好的對話流程）之間的橋樑，透過與環境及人類的一輪輪交流，大型模型可以收集足夠的上下文資訊，從而精準、有效地完成任務，延伸並拓展使用者意圖 [77]。

## 7.4.2 搜尋引擎

除智慧客服外，Google 和微軟的 Bing 等廠商也在利用 RAG 技術及多語言大型模型提供網頁搜索服務。使用了大型模型的搜尋引擎可以提供給使用者更簡潔的回覆，當然代價就是可能會出現不準確的答案。圖 7-22 所示為 Bing Chat 系統演示圖，由此可以看出，為了防止不準確的資訊誤導使用者，它還標注了不同回覆的出處，以幫助使用者更進一步地尋找答案。

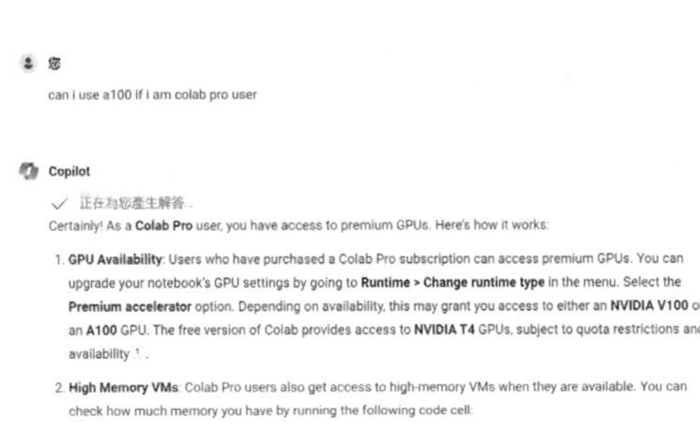


▲ 圖 7-22 Bing Chat 系統演示圖

## 7.4.3 機器翻譯

機器翻譯是一個天然的需要使用多語言大型模型的場景，現階段多語言大型模型的翻譯效果和原有的機器翻譯模型在高資源語言下已經基本一致 [78]，雖然多語言大型模型和 Google 的翻譯效果在低資源語言上還有著不小的差距，但是已經可以基本滿足對常見敘述的翻譯需求。同時，因為多語言大型模型可以更進一步地理解上下文，所以其對一些會議和商業檔案的翻譯可能會有更好的效果。現階段比較成熟的應用有 Meta AI 的 SeamlessM4T[79]（見圖 7-23），以及中國科學院自動化研究所以 Llama 為基礎訓練的多語言大型模型 BigTranslate。

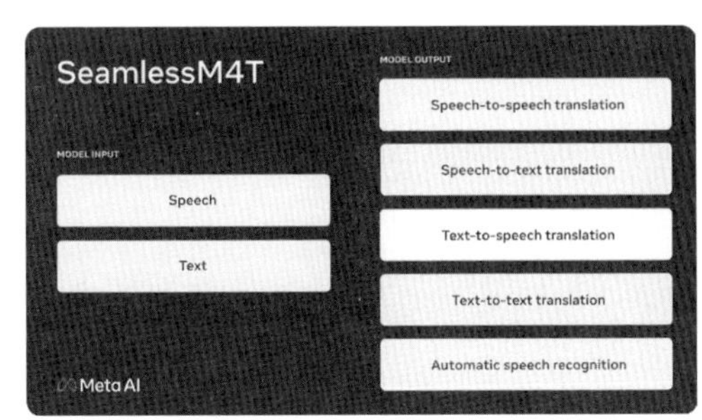


▲ 圖 7-23 Meta AI 的 SeamlessM4T

MEMO